Ramzi Mraidi

Modélisation de la transmission du virus de la maladie de Newcastle

Ramzi Mraidi

Modélisation de la transmission du virus de la maladie de Newcastle

Dans les élevages aviaires familiaux de Madagascar

Presses Académiques Francophones

Impressum / Mentions légales
Bibliografische Information der Deutschen Nationalbibliothek: Die Deutsche Nationalbibliothek verzeichnet diese Publikation in der Deutschen Nationalbibliografie; detaillierte bibliografische Daten sind im Internet über http://dnb.d-nb.de abrufbar.

Information bibliographique publiée par la Deutsche Nationalbibliothek: La Deutsche Nationalbibliothek inscrit cette publication à la Deutsche Nationalbibliografie; des données bibliographiques détaillées sont disponibles sur internet à l'adresse http://dnb.d-nb.de.

Coverbild / Photo de couverture: www.ingimage.com

Verlag / Editeur:
Presses Académiques Francophones
ist ein Imprint der / est une marque déposée de
OmniScriptum GmbH & Co. KG
Heinrich-Böcking-Str. 6-8, 66121 Saarbrücken, Deutschland / Allemagne
Email: info@presses-academiques.com

Herstellung: siehe letzte Seite /
Impression: voir la dernière page
ISBN: 978-3-8381-4391-0

Zugl. / Agréé par: La Réunion, Université de La Réunion, 2014

Il n'est pas de bien aussi précieux que le sourire de ceux qu'on aime. [1]

À toute ma famille
À mes parents Ammar et Faouzia
À mon frère Haikel et mes sœurs Afef et Marwa
À Sabrine

1. Bernard Willems-Diriken, dit Romain Guilleaumes

Remerciements

Je remercie très sincèrement mes trois encadrants Eric Cardinale, Renaud Lancelot et Virginie Michel pour avoir accepté d'encadrer cette thèse, merci pour vos conseils, votre écoute et votre confiance. Je remercie très chaleureusement Yves Dumont pour son attention sur mes travaux et pour tous ses conseils et critiques sur le plan scientifique. J'aimerais également remercier Pauline Ezanno et Matthieu Lesnoff pour avoir suivi mes travaux pendant la durée de ma thèse. Je remercie beaucoup Renata Servan de Almeida et Patrica Gil pour les discussions biologiques. J'adresse aussi mes remerciements à Dominique Martinez de m'avoir accueilli au sein de l'UMR15.

Je tiens à remercier les membres du jury. À Philippe Gasque président du jury de cette thèse, Thierry Lefrançois et Harentsoaniaina Rasamoelina Andriamanivo qui m'ont fait l'honneur de rapporter cette thèse et de l'intérêt qu'ils ont accordé à ce travail. Je remercie Emmanuel Bourdon d'avoir accepter de faire partie de ce jury.

Je remercie mes amis de laboratoire. Je pense particulièrement à Sergio, Habib, Clothilde, Juliette, Stéphanie, Olivier, Xavier, Jonathan, Ignace, Marlène, David, Laetitia, Gwen, Aniss, Juliana, Esmaile, Phillipe. Merci à tous pour votre bonne humeur, pour toutes les séances de rires et de sourires, pour toutes les discussions autour d'un café et ailleurs ... Des mercis aussi à Carine, Adeline, Marina, Simon, Nicolas, Olivier, Claire, Thomas et tous les autres ... Et les tunisiens du CIRAD, Imen, Sara, Sana, Racem ... Je tiens également à remercier Sylvie, Florence, Nadège, Denise pour leur appui administratif. Je ne peux également oublier de remercier les gens de Madagascar qui m'ont accueilli au FOFIFA : le chef Rakotondravao, Monique, Julie, Fridolin et Minah... Aussi les ciradiens : Miguel et Frédéric.

Je désire exprimer toute ma reconnaissance à Sylvain Poggi qui suit encore mes travaux. J'aimerais également remercier Henri Félix Maître et Jean-François Trébuchon pour leurs encouragements. Je remercie énormément Isabel Martin Grande pour son soutien.

Je remercie toute ma famille pour son soutien tout le long de cette thèse notamment dans les moments les plus difficiles, et surtout mon père Ammar et ma mère Faouzia, qui m'auront permis de poursuivre mes études jusqu'à aujourd'hui. Je conclurai en remerciant de tout cœur Sabrine pour ses encouragements et son soutien, neoraseo ireoke saranghaneun neoraseo.

Table des matières

LISTE DES FIGURES

Liste des tableaux

Introduction

"As a matter of fact all epidemiology, concerned as it is with variation of disease from time to time or from place to place, must be considered mathematically (...), if it is to be considered scientifically at all. (...) And the mathematical method of treatment is really nothing but the application of careful reasoning to the problems at hand."

Sir Ronald Ross MD, 1911, *The prevention of malaria*

La maladie de Newcastle (MN) est une virose aviaire hautement contagieuse affectant notamment les poules et les dindes qui sont les espèces les plus sensibles (Alexander 1990, Kant *et al.* 1997). Cependant, il existe de nombreuses autres espèces d'oiseaux sauvages et domestiques qui peuvent être infectées par le virus. L'agent causal est le paramyxovirus aviaire 1 (APMV1) du genre *Avulavirus*, appartenant à la famille des *Paramyxoviridae* (Alexander 2008). La MN sévit à l'état enzootique dans de nombreuses parties du monde, notamment dans diverses régions tropicales du Sud-Est asiatique, de l'Afrique ou de l'Amérique du Sud. Quelques foyers sont régulièrement déclarés en Europe.

Depuis son isolement initial en 1926 en Indonésie (Kraneveld 1926), le virus de la maladie de Newcastle (VMN) a été isolé chez 117 espèces d'oiseaux. Chez la poule (*Gallus gallus*) les signes cliniques de cette maladie sont caractérisés par la perte d'équilibre, la paralysie et l'émission de diarrhée verdâtre. Il n'y aucun traitement spécifique disponible pour lutter contre cette maladie, seule la prévention par la vaccination des volailles, ainsi que les bonnes pratiques de bio-sécurité et d'hygiène sont conseillées par les vétérinaires (Alders et Spradbrow 2001b).

Le pouvoir pathogène présente, selon la souche virale, des variations quantitatives (souches lentogènes, mésogènes et vélogènes) et qualitatives (Beard et Hanson 1984). Il s'exerce vis-à-vis de l'espèce hôte et du tissu infecté (souches viscérotropes, neurotropes et pneumotropes). La virulence d'une souche peut être quantifiée par différents index, par exemple l'index de pathogénicité intracérébrale (IPIC).

Les sources de virus sont les oiseaux domestiques ou sauvages malades, les porteurs précoces (1 à 2 jours avant les premiers signes cliniques), les porteurs chroniques (jusqu'à 2 mois après guérison) et les porteurs asymptomatiques ou vaccinés. Le virus VMN peut persister sur le sol des poulaillers, sur les coquilles d'œufs souillées et sur les carcasses. Sa résistance élevée dans l'environnement est à l'origine de sa persistance dans les locaux d'élevage et sur le matériel contaminé ainsi que sur les produits d'origine aviaire (Lancaster 1966).

L'élevage familial, qui tient encore une place importante dans l'élevage avicole à Madagascar, est caractérisé par la présence simultanée de plusieurs espèces d'oiseaux domestiques, en particulier les poulets et les palmipèdes (oies et canards). Les volailles (poulets principalement), d'aspect hétérogène, sont légers et à croissance lente. Les taux de mortalité sont importants mais les populations se reconstituent rapidement grâce à une rusticité et une prolificité importante des oiseaux. Ce type d'élevage fournit la très grande majorité de la viande de volaille consommée dans le pays et présente une source de protéines animales facile d'accès. Les œufs servent principalement au renouvellement des cheptels. Cet élevage est important pour l'équilibre budgétaire et nutritionnel des ménages. En effet, ils représentent une épargne pour la plupart des foyers et donc une source d'argent pour l'achat des médicaments, des fournitures scolaires et pour faire face aux dépenses imprévues.

La maladie de Newcastle est la principale contrainte pesant sur l'aviculture à Madagascar (Koko *et al.* 2006b). L'amélioration de la qualité et de la quantité des produits d'origine animale est un des objectifs fondamentaux des services vétérinaires malgaches. Cela passe entre autre par une amélioration de la santé animale. Les épizooties de MN constituent le facteur limitant majeur de l'aviculture familiale et en raison de sa gravité médicale (létalité élevée) et de sa forte contagiosité.

Malgré son insularité, Madagascar est loin d'être épargné par les principales maladies aviaires et doit faire face à une forte pression infectieuse au niveau des cheptels aviaires. Le manque de moyens financiers et de coordination des actions sanitaires, ou l'ubiquité de certains virus dans les populations aviaires sont une première explication à cette situation sanitaire préoccupante. Après son introduction en 1946, la MN est devenue endémique à l'île. Malgré la disponibilité de plusieurs vaccins, le taux de vaccination reste inférieur à 10% dans l'élevage familiale qui représente 95% de l'effectif national (Maminiaina 2011).

La modélisation épidémiologique a pour but essentiel de comprendre et simuler la propagation d'une maladie infectieuse transmissible. Elle consiste à construire des modèles mathématiques qui permettent de rendre compte la dynamique des maladies dans les populations cibles :

- comprendre, en se basant sur des hypothèses biologiques, le déroulement des épidémies,
- prédire l'impact des interventions, de contrôle telles que la vaccination ou d'autres mesures prophylactiques.

Si les modèles épidémiologiques sont généralement assez semblables, chaque maladie infectieuse a ses propres particularités, caractéristiques et difficultés de modélisation. C'est le cas de la maladie de Newcastle. Dans la littérature, nous n'avons pas trouvé beaucoup de modèles pour l'étude de la transmission du VMN. Nous avons donc développé nos propres modèles que nous avons utilisés pour discuter les options possibles de contrôle de la MN à Madagascar.

L'objectif général de ce travail est la mise au point de modèles mathématiques de la transmission du virus de la maladie de Newcastle dans les systèmes avicoles malgaches et de fournir les analyses mathématiques complètes pouvant servir comme base de travaux ultérieurs pour l'étude de la MN et les maladies à épidémiologie semblable. Plus précisément, nous avons cherché à atteindre 3 objectifs spécifiques :

1. Étudier la transmission du VMN en tenant compte de la transmission d'un animal infecté à un animal indemne et la transmission environnementale (persistance du virus dans le milieu extérieur).
2. Évaluer l'impact de la vaccination sur la MN en milieu villageois.
3. Évaluer l'importance de l'interaction entre les palmipèdes et les poulets dans la dynamique de transmission du VMN.

Cette thèse est divisée en cinq chapitres. Dans le chapitre 1 nous présenterons une revue sur la maladie de Newcastle et une description des systèmes avicoles dans les villages malgaches afin d'appréhender correctement les contraintes biologiques et techniques qui conditionneront notre travail. Le chapitre 2 présentera une enquête sur les pratiques de vaccination dans les villages de la côte est de Madagascar afin de comprendre le déroulement des campagnes de vaccination. Le chapitre 3 est une introduction à la modélisation en épidémiologie, destinée aux non mathématiciens. Dans le chapitre 4 nous présentons deux modèles de transmission du virus de la maladie de Newcastle ainsi que leurs études mathématiques complètes afin de fournir des éléments de compréhension de la transmission de la maladie. Nous concluons par le chapitre 5 qui présente une discussion générale de cette thèse. Enfin, les annexes rappellent les résultats mathématiques que nous utilisons dans ce travail.

1 Maladie de Newcastle et aviculture villageoise malgache

"When arguing with a chicken, a grain of corn is always wrong."

African Proverb

Sommaire

Ce chapitre concerne la biologie de la maladie de Newcastle. Nous y rappelons la problématique de cette maladie dans le milieu villageois. Nous faisons ainsi, un survol de l'histoire naturelle de la transmission du virus de la maladie de Newcastle. Nous y décrivons également l'état actuel de l'aviculture malgache. Tout ceci dans le but d'introduire les hypothèses que nous faisons dans les modèles étudiés tout au long de cette thèse.

1.1 Maladie de Newcastle

La maladie de Newcastle, encore appelée "pseudo peste aviaire" est une maladie infectieuse hautement contagieuse affectant les oiseaux. Le nom de "pseudo-peste" fait référence à une autre maladie virale des oiseaux domestiques et sauvages : l'influenza aviaire ou "vraie peste aviaire". Elle est due à un virus à ARN. La maladie a été décrite pour la première fois par Kraneveld (1926) à Java en Indonésie, et par Doyle (1927) à Newcastle-Upon-Tyne, Angleterre. Cette maladie réputée contagieuse est inscrite sur la liste des maladies à notifier à l'OIE (2013).

Le nom de maladie de Newcastle (MN) a été proposé par Doyle en 1927, après l'apparition des premiers foyers en Grande-Bretagne, en tant que dénomination temporaire, car il voulait éviter un nom descriptif qui pourrait être confondu avec d'autres maladies (Doyle 1935). Le nom a cependant continué à être utilisé pour se référer au "paramyxovirus aviaire de type 1" (APMV-1) (Alexander 2008). En 20 ans après son émergence, la maladie est devenue une panzootie i.e. une maladie contagieuse qui se répand sur de grandes distances sur plusieurs continents, et qui affecte une grande partie des populations d'animaux (Meyer 2014). Alexander *et al.* (2012) ont présenté une revue sur l'histoire de la maladie et les recherches qui la concernent sur les plans épidémiologique et virologique et proposent des études futures notamment dans les pays en développement où la maladie cause des gros dégâts chez les poules.

Les flambées épizootiques de maladie de Newcastle ont un énorme impact sanitaire et économique sur l'élevage des poules de basse-cour dans les pays en développement, où ces oiseaux sont une source importante de protéines animales et de revenus pour les habitants (Alders 2001, Copland 1987). Dans les pays développés, où la maladie peut être contrôlée grâce à la vaccination et à des bonnes pratiques d'élevage et de biosécurité, les embargos et restrictions commerciales causent des pertes économiques importantes pendant les épizooties (Alexander 2000; 2001).

1.1.1 Étiologie

Classification du virus de la MN

Les virus responsables de la maladie de Newcastle (VMN) sont classés dans la famille des *Paramyxoviridae*, genre *Avulavirus*, et comprennent le paramyxovirus aviaire sérotype 1 (APMV-1) (Alexander 2000). C'est un virus enveloppé à ARN qui mute facilement. Selon Alexander (2000), il existe 9 sérotypes de paramyxovirus aviaires dont le pouvoir pathogène varie d'une mortalité élevée chez les oiseaux réceptifs et sensibles (poulet, dinde, ...) à une infection subclinique chez les animaux réceptifs mais moins sensibles (palmipèdes, ...). Les signes cliniques varient en fonction de la virulence de la souche, des espèces aviaires infectés et de la voie d'infection. En raison de la grande différence de virulence parmi les isolats du VMN, une classification simple en cinq pathotypes est basée sur les signes cliniques et les lésions observées chez les poulets (Beard et Hanson 1984) :

- les souches viscérotropes vélogènes hautement pathogènes qui provoquent fréquemment des lésions intestinales hémorragiques et entraînent une mortalité élevée.
- les souches neurotropes vélogènes qui provoquent une forme se caractérisant par une mortalité massive, généralement à la suite des signes respiratoires et nerveux.
- les souches mésogènes qui provoquent une forme se caractérisant par des signes respiratoires, des signes nerveux occasionnels mais une mortalité relativement faible.
- les souches lentogènes qui provoquent une forme se traduisant par une infection respiratoire mineure ou inapparente.
- les souches asymptomatiques entériques qui provoquent une forme se traduisant généralement par une infection intestinale inapparente.

La virulence de la souche impliquée peut être quantifiée par l'indice de pathogénicité intracérébrale chez des poussins d'un jour (IPIC) ou l'indice de pathogénicité intraveineuse chez des poulets de 6 semaines (IPIV) (Kant *et al.* 1997). L'IPIC est un test qui consiste à injecter le virus par voie intracérébrale chez des poussins d'un jour d'âge. Les poussins sont examinés toutes les 24 heures pendant 8 jours. A chaque observation, les oiseaux sont marqués : 0 si normal, 1 pour malade, et 2 si le poussin est mort. L'IPIC est le score moyen par oiseau et par observation sur la période de 8 jours. Les virus les plus virulents donnent un score maximal de 2, alors que les souches les moins virulentes ont un IPIC proche de 0. Pour une souche mésogène ou vélogène l'IPIC doit être supérieur à 0,7. L'IPIV consiste à injecter le virus par voie intraveineuse chez des poulets de 6 semaines d'âge. Les poulets sont examinés toutes les 24 heures pendant 10 jours. A chaque observation, les oiseaux sont marqués : 0 si normal, 1 pour malade, 2 pour paralysé et 3 si le poulet est mort. L'IPIV est le score moyen par oiseau et par observation sur la période de 10 jours. Les virus les plus virulents donnent un score maximal de 3, alors que les souches les moins virulentes ont un IPIV proche de 0. Pour une souche mésogène ou vélogène l'IPIV doit être supérieur à 1,2.

Structure du virus de la MN

Le virus de la MN est un virus enveloppé à ARN de polarité négative, englobé dans une capside à symétrie hélicoïdale. Le génome du virus de la MN est monocaténaire non segmenté. Cet ARN code pour la protéine de nucléocapside (NP), la phosphoprotéine P, la protéine de matrice (M), la protéine de fusion F, l'hémagglutinine-Neuraminidase (NH) et la protéine L (large) qui est une polymérase (de Leeuw et Peeters 1999). La polarité négative du génome, impose la présence d'une transcriptase virale dont le rôle est assuré par les protéines P et L. La capside est constituée par la protéine NP et forme avec l'ARN une nucléocapside tubulaire d'un diamètre de 18 nm, repliée au sein du péplos. L'enveloppe ou péplos dérive, pour sa partie lipidique, de la membrane cytoplasmique de la cellule-hôte. Sa face interne est doublée par la protéine M. Des spicules glycoprotéiques NH et F sont insérées sur sa face externe. La glycoprotéine NH possède à la fois une activité hémagglutinante (H) et une activité neuraminidasique (N). C'est elle qui assure la fixation du virus aux récepteurs des cellules cibles. La glycoprotéine F assure la fusion de l'enveloppe avec la membrane cellulaire lors de la pénétration du virus dans la cellule-hôte.

Multiplication du virus de la MN

Les virus sont des parasites intra-cellulaires obligatoires, pour pouvoir se multiplier, ils doivent détourner à leur profit le métabolisme de la cellule infectée. La multiplication d'un virus est le fruit de la succession des évènements suivants : la fixation, la pénétration, la transcription et la réplication, l'assemblage et enfin, la libération. Dans le cas du virus de la MN, la fixation s'effectue au niveau des récepteurs mucoprotéiques des cellules par l'intermédiaire des spicules de la glycoprotéine NH (Yusoff et Tan 2001). La pénétration est induite par la fusion de la glycoprotéine F de l'enveloppe virale avec la membrane cellulaire. Le virus est alors décomposé en ses différents constituants. La totalité du cycle se déroule dans le cytoplasme. Deux fonctions sont alors assurées par le génome (ARN viral) : la transcription en ARN messager et la réplication d'ARN viral. L'ARN est transcrit en plusieurs ARN messagers positifs par la transcriptase virale (P + L) associée à la nucléocapside. Les protéines NP, P, M, F, NH et L sont synthétisées par les ribosomes cellulaires. Lors de la réplication, un brin d'ARN positif sert de matrice pour la synthèse des ARN génomiques viraux. L'assemblage des génomes et des nucléocapsides a lieu dans le cytoplasme. Parmi les protéines de l'enveloppe, la protéine M se dépose sur la face interne de la membrane cytoplasmique tandis que les spicules NH et F s'y insèrent prenant la place des protéines membranaires qui sont exclues de la région. Après l'assemblage, pour se libérer, les nucléocapsides associées à la protéine M s'évaginent et les particules virales néoformées quittent la cellule par bourgeonnement, emportant avec elles une partie de la membrane cytoplasmique sur laquelle les spicules NH et F se sont regroupées, formant ainsi l'enveloppe du virus (Gravel et Morrison 2003, Stone-Hulslander et Morrison 1999).

1.1.2 Espèces affectées

La maladie de Newcastle affecte principalement les oiseaux domestiques et sauvages (Kaleta et Baldauf 1988). Certaines espèces d'oiseaux développent des signes cliniques quand ils sont infectés, tandis que d'autres restent porteurs asymptomatiques. L'infection peut parfois se produire chez l'homme (conjonctivite) mais elle reste bénigne, et n'a pas été signalée chez d'autres mammifères.

La sensibilité à la maladie varie considérablement selon l'espèce aviaire. Les gallinacés, en particulier les poulets (*Gallus gallus*), sont très sensibles (Alexander 1990). Les dindes (*Meleagris gallopavo*) sont moins sensibles et développent des signes cliniques moins graves (Kant *et al.* 1997). Les canards (*Anas platyrhynchos, Cairina moschata*) et les oies (*Anser anser*) sont réceptifs mais peu sensibles et développent habituellement des infections inapparentes. Toutefois certains sérotypes spécifique ont provoqués des flambées épizootiques chez les oies et les canards en Chine depuis les années 1990 (Liu *et al.* 2008). Tous les isolats qui ont causé les épizooties de la MN chez les oies et les canards dans les différentes régions de la Chine entre 1997 et 2005 étaient principalement de génotype VIId. D'autre part, d'autres génotypes, tels que IX et VIIc, conduisent à des infections sporadiques chez les palmipèdes en Chine. Des foyers ont été signalés en Israël chez des autruches causant des signes cliniques nerveux et de la mortalité (Samberg *et al.* 1989). Les pigeons sont sensibles à la maladie, et les souches lentogènes ou mésogènes sont endémiques dans les populations de pigeons en Italie (Biancifiori et Fioroni 1983). La sensibilité à la maladie est très variable chez les psittacidés : les Calopsittes, par exemple les perruches, meurent souvent avec des signes neurologiques, mais certains genres de psittacidés peuvent être infectés de façon subclinique, même par des virus vélogènes (Lomniczi *et al.* 1998).

1.1.3 Signes cliniques

Les signes cliniques de la maladie de Newcastle sont très variables, fortement influencés par la virulence de la souche, l'espèce, l'âge, et le statut immunitaire de l'oiseau ainsi que la voie d'infection. Chez les oiseaux adultes, une baisse marquée de la production d'œufs (chute de ponte) peut être le premier signe, suivi d'une importante mortalité (Alexander 1988a, Kaleta et Baldauf 1988). Avec les virus mésogènes, l'évolution clinique se fait généralement en trois phases :

- des signes généraux : inappétence puis prostration,
- des signes digestifs (diarrhée souvent verdâtre (figure 1.1)) et/ou respiratoires sévères, suivis de troubles nerveux (figure 1.2), la chute de ponte peut alors être brutale,
- une évolution rapide vers la mort, ou la guérison (rare) accompagnée de séquelles nerveuses telles que torticolis, paralysie des membres, opisthotonos (figure 1.3) et d'anomalies de ponte (figure 1.4).

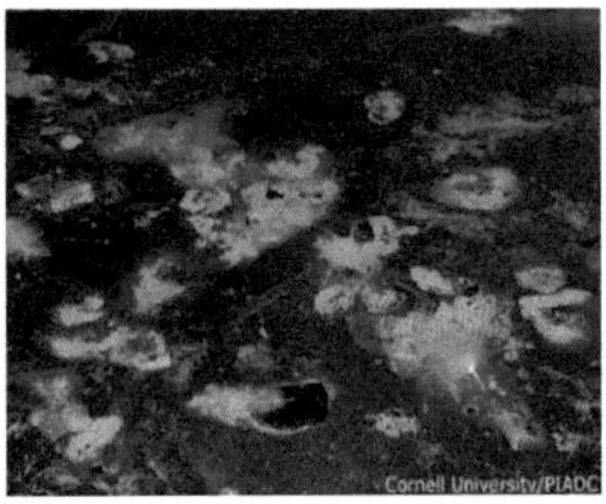

FIGURE 1.1 – *Cette photographie a été prise 5 jours après l'inoculation expérimentale par une souche vélogène du VMN : on peut voir sur le sol les traces de diarrhée de couleur verdâtre (source Atlas of avian diseases - Cornell University)*

La période d'incubation est généralement de 2 à 6 jours chez les volailles, mais peut aller jusqu'à 15 jours. Elle est plus courte pour les jeunes oiseaux (Alexander 2000). Au cours de la période d'incubation, le virus se réplique au niveau du site d'introduction, ensuite les virus vélogènes et mésogènes sont déversés dans le sang où ils se répliquent dans les organes viscéraux. Environ deux jours après l'infection, l'animal excrète le virus par les voies respiratoires et les matières fécales. Il existe peu d'information sur les quantités d'excrétion chez les différentes espèces. Cependant,

FIGURE 1.2 – *Poussin de Gallus gallus infecté par la souche neurotrope du VMN : paralysie des pattes (source Atlas of avian diseases - Cornell University)*

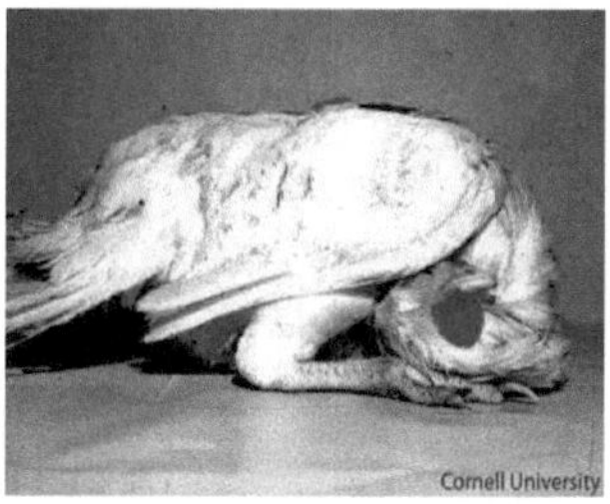

FIGURE 1.3 – *Poulet (Gallus gallus) infecté par une souche neurogène du VMN présentant un torticolis et une torsion latérale de la tête et du cou (source Atlas of avian diseases - Cornell University)*

FIGURE 1.4 – *Œufs déformés de poules (Gallus gallus) atteints par une souche neurotrope du VMN (source Atlas of avian diseases - Cornell University)*

même si la mort se produit rapidement après infection avec des souches viscérotropes vélogènes (VV), une poule peut excréter le virus après infection par des souches neurotropes vélogènes (NV) (Chukwudi *et al.* 2012). Plusieurs études expérimentales ont mené à déterminer la durée d'excrétion que nous donnons quelques exemples dans le tableau 1.1.

Espèce	Poule	Dinde	Canard	Pigeon	Perruche	Perroquet
Souche	NV	VV	-	-	VV	VV
Durée excrétion (jours)	15	46	Varie selon la souche	>365	83	>365
Référence	(Chukwudi *et al.* 2012)	(Gillette *et al.* 1975)	(Dai *et al.* 2013)	(OIE 2013)	(Erickson *et al.* 1977)	(Erickson *et al.* 1977)

TABLE 1.1 – *Durée d'excrétion virale chez différentes espèces d'oiseaux*
Note : NV i.e. Neurotropes Vélogènes, VV i.e. Viscérotropes Vélogènes

L'excrétion permanente chez la poule est rare, Alexander *et al.* (2006) ont effectué une étude expérimentale afin d'estimer les titres viraux d'une souche virulente du VMN, Herts 33/56, dans divers tissus et organes chez des poulets infectés. Les signes cliniques se manifestaient clairement au bout de deux jours. Les oiseaux présentant les signes cliniques les plus marqués sont morts lors des jours 2 et 3 après infection et tous les oiseaux restants sont morts entre les jours 3 et 4. Les titres viraux prélevés sont dans le tableau 1.2.

Jour	Sang ($log_{10}EID_{50}$/ml)	Muscle de la poitrine ($log_{10}EID_{50}$/g)	Muscle de la jambe ($log_{10}EID_{50}$/g)	Cœur/rein ($log_{10}EID_{50}$/g)	Fèces ($log_{10}EID_{50}$/g)
1	1.2	-	-	1.8	-
2	1.4	1.0	1.2	4.2	1.4
3	2.4	2.2	2.6	5.0	3.2
4	-	4.0	4.2	6.0	4.0

TABLE 1.2 – *Titres viraux détectés dans les organes et les tissus chez des poulets infectés avec la souche Herts 33/56 (Alexander* et al. *2006)*

Ces résultats confirment ceux de King (1999) qui ont rapporté l'excrétion virale dans une variété d'organes. Cependant, des facteurs tels que l'âge, l'immunité partielle, la faible virulence de la souche peuvent prolonger la survie des oiseaux infectés et entraîner ainsi des excrétions globales plus élevées.

1.1.4 Épidémiologie moléculaire et phylogénie des VMNs

En fonction des caractéristiques sérotypiques et moléculaires (par des approches de clivage protéique et de phylogénétique), les isolats des VMNs peuvent être classés différemment. Selon Czeglédi *et al.* (2006), les VMNs peuvent être classés en 2 classes (classe I et classe II). Cette division a été déterminée en fonction du clivage de la protéine de fusion (F) et l'ARN polymérase (L).

En se basant sur la protéine de fusion (F) (figure 1.5), les virus de classe II présentent neuf génotypes (I-IX) avec deux sous-lignées différentes. Les virus de la première sous-lignée (avant 1930) ont une taille du génome de 15,186 nucléotide (nt). Cette sous-lignée est composée des génotypes I-IV et a été identifiée avec des flambées de la maladie en début des années 1930. Les virus de la deuxième sous-lignée ont une taille du génome plus grande : 15,192 nt. Cette sous-lignée est composée des génotypes V-IX et qui sont responsables des foyers après les années 1960 (Czeglédi *et al.* 2006, Kim *et al.* 2007a;b, Wu *et al.* 2010).

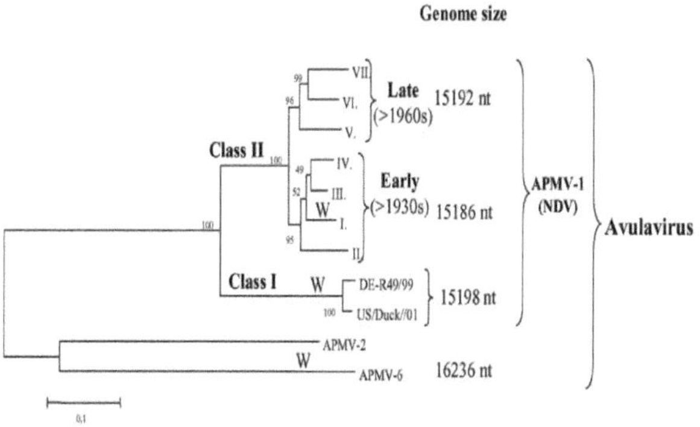

FIGURE 1.5 – *Arbre phylogénétique des virus de la MN basé sur le gène de la protéine de fusion F (Czeglédi* et al. *2006)*

Les virus de la classe I ont été identifiés chez les oiseaux sauvages, les oiseaux aquatiques, les limicoles ou des volailles sur des marchés d'oiseaux vivants (Collins *et al.* 1998, Aldous *et al.* 2003, Gould *et al.* 2003) et aussi chez les canards (Lee *et al.* 2004, Liu *et al.* 2007). En revanche, les virus de classe II ont principalement été isolés chez les poulets (Liu *et al.* 2003). Cependant, de temps en temps, les virus de la classe I ont été identifiés chez les volailles domestiques, tandis que les virus de la classe II sont fréquemment isolés chez les oiseaux sauvages (Aldous *et al.* 2003, Kim *et al.* 2007b).

On peut voir sur la figure 1.6 que les génotypes II, IV et V du VMN de la classe II sont prédominants en Amérique du Nord et en Europe, tandis que les génotypes VI et VII ont provoqué des épidémies au Moyen-Orient, en Asie et en Extrême-Orient. Le génotype VIII est également apparu en Extrême-Orient et en Afrique du Sud (Herczeg *et al.* 1999, Czeglédi *et al.* 2002, Huang *et al.* 2004, Czeglédi *et al.* 2006).

A Madagascar, des VMNs ont été isolés chez des volailles domestiques et des oiseaux sauvages (de Almeida *et al.* 2009, Maminiaina *et al.* 2010). La caractérisation moléculaire et l'analyse phylogénétique d'une souche du VMN obtenue à partir d'un poulet a montré que cet isolat, classé comme une souche virulente, bien que proche du génotype IV, en était suffisamment éloignée pour constituer un nouveau génotype. Cela montre

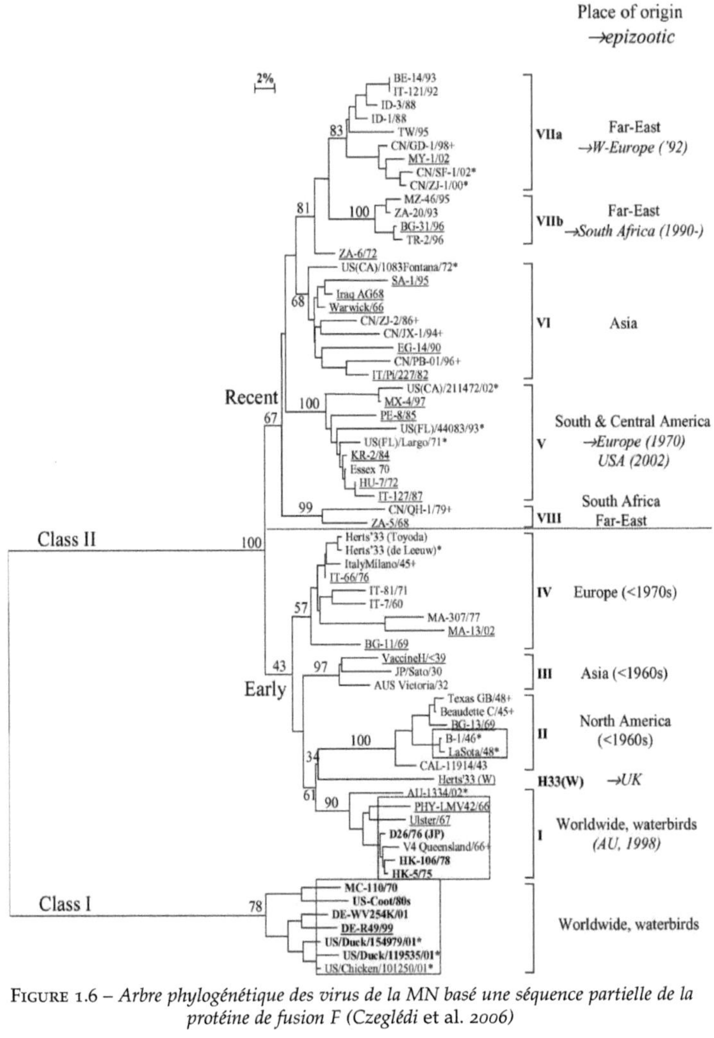

FIGURE 1.6 – *Arbre phylogénétique des virus de la MN basé une séquence partielle de la protéine de fusion F (Czeglédi* et al. *2006)*

la circulation de certaines souches du VMN spécifiques à Madagascar (de Almeida *et al.* 2009), comme cela a été confirmé par l'étude de Maminiaina *et al.* (2010) où les gènes complets des protéines F et HN de quatre souches du VMN isolées à Madagascar ont été séquencés et analysés. Le VMN isolé forme un groupe suffisamment distinct pour constituer un nouveau génotype nommé par les auteurs génotype XI (figure 1.7). Ce nouveau génotype dérive probablement d'un ancêtre proche de génotype IV introduit dans l'île depuis plus de 50 ans.

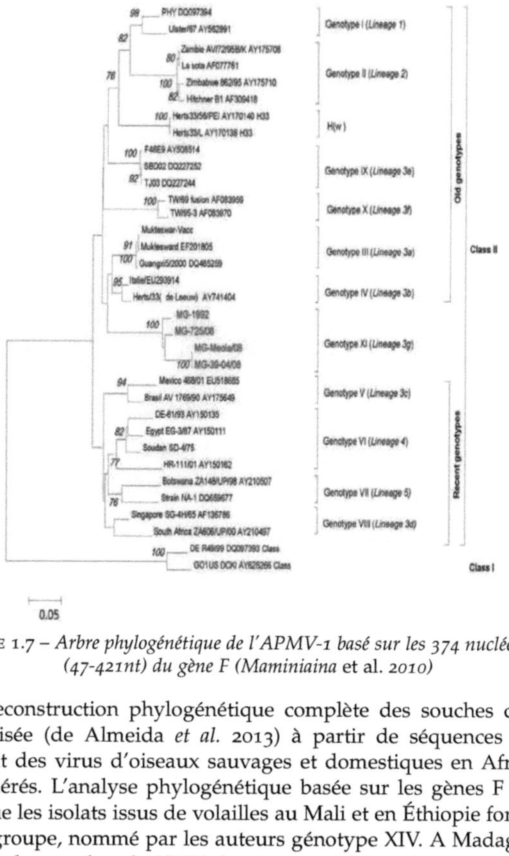

FIGURE 1.7 – *Arbre phylogénétique de l'APMV-1 basé sur les 374 nucléotides (47-421nt) du gène F (Maminiaina* et al. *2010)*

Une reconstruction phylogénétique complète des souches du VMN a été réalisée (de Almeida *et al.* 2013) à partir de séquences publiées concernant des virus d'oiseaux sauvages et domestiques en Afrique ont été considérés. L'analyse phylogénétique basée sur les gènes F et HN a montré que les isolats issus de volailles au Mali et en Éthiopie forment un nouveau groupe, nommé par les auteurs génotype XIV. A Madagascar, la circulation des souches du VMN de génotype XI, jamais rapporté ailleurs, a également été confirmée (de Almeida *et al.* 2013).

Par ailleurs, chez les oiseaux sauvages aquatiques les souches isolées sont groupées dans le génotype I où se trouvent les souches d'APMV-1 isolées à partir des oiseaux sauvages aquatiques provenant de différents continents (Maminiaina 2011). Jusqu'à présent, aucun virus commun aux oiseaux sauvages et aux volailles domestiques n'a été isolé à Madagascar bien que cela a été mise en évidence en Amérique et en Asie (Kim *et al.* 2007a).

Les conséquences de cette dérive génétique des virus de la MN se manifestent principalement sur la vaccination. En effet, les vaccins protègent contre l'expression clinique de la maladie mais pas contre la multiplication et l'excrétion virale (van Boven *et al.* 2008, Kapczynski et King 2005). Un animal vacciné est bien protégé, donc sur le plan coût/bénéfice la vaccination pour l'éleveur est rentable mais par contre ces animaux continuent à excréter le virus et donc jouent le rôle de relais pour la transmission et d'accumulation dans l'environnement du virus. Les vaccins ont été développés il y a plusieurs dizaines d'années, c'est à partir de ces génotypes que le génotype XI, majoritaire présent dans les foyers cliniques de la MN à Madagascar, a pu vraisemblablement apparaître suite à des mutations sous pression de la vaccination. Cela reste un facteur clé pour l'étude de la possibilité du contrôle de la MN dans les milieux villageois.

1.1.5 Épidémiologie analytique

Les oiseaux domestiques et sauvages

Selon Kaleta et Baldauf (1988), en plus des espèces aviaires domestiques, l'infection naturelle ou expérimentale avec VMN a été démontrée chez au moins 236 espèces aviaires appartenant à 27 ordres parmi les 50 existants dans la classe des oiseaux. Il est probable que toutes les espèces d'oiseaux soient réceptives à l'infection.

Les gallinacées (poules et dindes), connues pour être les plus sensibles au VMN, peuvent présenter des mortalités intra-élevage pouvant atteindre 90%. L'intensification des élevages associant l'augmentation de la densité et l'optimisation des performances animales augmentent la sensibilité des animaux aux VMN (Alexander 2000).

Beaucoup d'espèces d'oiseaux sauvages, notamment les palmipèdes et d'autres oiseaux aquatiques, sont réceptifs à l'APMV-1, mais ne présentent pas ou peu d'expression clinique (Alexander 2000), même avec les souches très pathogènes pour les poulets. Cependant, ces oiseaux peuvent excréter les virus. D'une manière générale, les APMV-1 isolés chez les oiseaux migrateurs sont souvent des virus lentogènes (Hlinak *et al.* 2006, Jørgensen *et al.* 1999). Ces virus, au cours de la co-adaptation hôte-pathogène, peuvent devenir vélogènes, notamment après passages chez des volailles domestiques très sensibles (Shengqing *et al.* 2002). Cela a été mis en évidence en Corée (Lee *et al.* 2009) : les virus lentogènes de canards domestiques ou sauvages ont le potentiel d'acquérir une virulence supérieure par transmission inter-espèce de canard à poulet. En outre, des souches virulentes ont été isolées en Chine aussi chez l'oie (Wan *et al.* 2004). Ces isolats ont servi à montrer expérimentalement la transmissibilité des isolats du VMN d'origine oie des oies aux poulets, fournissant ainsi la preuve que les oies pourraient jouer un rôle important dans l'épidémiologie de la MN.

Les canards, bien que ne présentant généralement pas de signes cliniques, sont capables de transmettre les VMN aux gallinacées par contact direct ou indirect (Otim *et al.* 2006). La transmission entre les palmipèdes sauvages et domestiques est également possible. Une enquête de terrain en Chine (Liu *et al.* 2009) a montré qu'une population de canards domestiques portait de façon asymptomatique une souche de VMN et pouvait agir en tant que réservoir du virus pour les autres volailles domestiques.

Dans les élevages villageois, les palmipèdes domestiques (oies, canards) peuvent servir de réservoir et d'espèce-relais assurant la persistance et la transmission de VMN. En effet, des observations de terrains à Madagascar (Rasamoelina 2011) et des études expérimentales montrent que les palmipèdes peuvent porter et transmettre des virus hautement pathogènes de MN tout en montrant peu ou pas d'expression clinique (Gilbert *et al.* 2006, Otim *et al.* 2006), alors que le passage de la barrière d'espèce peut s'accompagner de mutations virales importantes aboutissant éventuellement à des différences de pathogénicité (Li *et al.* 2010).

D'autre part, les travaux sur les modèles de transmission d'agents pathogènes dans une méta-population (constituée de populations de différentes espèces, par exemple), ont montré que ces hétérogénéités de populations pouvaient avoir des effets très importants sur la dynamique des maladies, en termes de persistance des agents pathogènes ou de rythme des épidémies, quelle que soit la nature de la maladie (transmission directe ou vectorielle, par exemple) (Anderson *et al.* 1992, Ezanno et Lesnoff 2009, Fulford *et al.* 2002, Grenfell et Harwood 1997, Rogers 1988).

Les pigeons sont connus pour être sensibles à la VMN (Doyle 1935). Ils ont été responsables de la propagation d'une souche particulière du virus APMV-1 à travers l'Europe pendant les années 1970 (Alexander 2000). Les premiers foyers importants ont commencé vers la fin des années 1970 au Moyen-Orient (Kaleta et Baldauf 1988). Les études ont montré par la suite qu'il s'agit d'un APMV-1 et il a été baptisé PPMV-1 pour Pigeon Paramyxovirus sérotype 1 (Collins *et al.* 1993). Les foyers se sont étendus et ont abouti à une panzootie à PPMV-1 atteignant actuellement les pigeons domestiques, les pigeons sauvages et les colombes (Johnston et Key 1992). Les études moléculaires ont montré que le PPMV-1 est une adaptation au pigeon de l'APMV-1 du poulet (Aldous et Alexander 2008), suggérant le passage du virus entre les deux espèces.

En outre le commerce international est l'un des plus importants facteurs de l'émergence des maladies (Gómez et Aguirre 2008). Cela a été mis en évidence aux États-Unis en montrant que les isolats du VMN obtenu à partir des oiseaux exotiques entre 1989 et 1996 étaient l'origine des épidémies en Californie en 1972 et dans le centre-nord des États-Unis et le sud du Canada entre 1990 et 1992 (Seal *et al.* 1998).

Capua *et al.* (1993) ont isolé un virus virulent de la MN à partir d'œufs fertiles. Ce mode de transmission est possible mais rare car l'embryon meurt généralement quand il est infecté par le virus (Chen et Wang 2002).

Les œufs infectés peuvent être source du virus si notamment les œufs sont utilisés pour la reproduction.

Persistance dans l'environnement

La survie du virus dans l'environnement est un élément majeur de son maintien et de sa diffusion. Les données disponibles sur la survie du virus sont cependant très variables, probablement parce cette dernière est influencée par l'humidité, la température, l'exposition à la lumière et le type de support. Les oiseaux infectés excrètent le VMN dans les fèces, où il peut survivre trois mois dans des températures entre 20°et 30°C (Lancaster 1966). Dans des fèces sèches, le virus peut survivre pendant plusieurs semaines à plusieurs mois à des températures élevées, et pendant de longues périodes dans des climats plus froids. De même, une litière infectée peut rester infectante pendant 53 jours selon la revue de Lancaster (1966).

Olesiuk (1951) a effectué des études expérimentales pour vérifier l'effet de l'environnement sur la viabilité du VMN, les résultats sont donnés dans le tableau 1.3.

Température (°C)	37	20-30	11	3-6
Durée de survie du VMN dans le sol (jours)	25	71	-	235
Durée de survie du VMN dans les fèces (jours)	56	94	172	-

TABLE 1.3 – *Durées de survie du VMN dans le sol et les fèces de poulets*

D'autre part, Boyd et Hanson (1958) ont effectué des expérimentations pour évaluer la survie du VMN dans le milieu naturel. D'après cette étude, on peut retrouver du VMN dans de l'eau de lac contaminée pendant 11 à 19 jours en fonction de son pH, des matières organiques présentes, de l'aération et de sa salinité. De même, on retrouve le VMN dans le sol 8 à 22 jours, en fonction de l'humidité relative. Le virus est retrouvé chez un ver de terre infecté expérimentalement entre 4 jours (à 20 °C) et 18 jours (à 12 °C).

Variations saisonnières de l'activité virale

Des foyers de MN peuvent être observés tout au long de l'année dans les populations de volailles dans la plupart des pays. Toutefois, des variations saisonnières de l'incidence ont été rapportées dans plusieurs études. Thitisak *et al.* (1988) a signalé qu'en Thaïlande la MN se produit avec des pics d'incidence à la fin de la saison sèche, entre février et avril. Au Bangladesh, les foyers de la MN sont plus fréquents pendant la saison d'hiver (Asadullah et Spradbrow 1991), et en Zambie (Sharma *et al.* 1986) au cours de la saison chaude et sèche (septembre à novembre) et en saison chaude et humide (janvier à mars). L'incidence la plus élevée de la MN en aviculture rurale en Ouganda est signalée durant les périodes chaudes et sèches de l'année (George et Spradbrow 1991) et au Népal pendant l'été (Mishra et Spradbrow 1991). Au Vietnam, la MN se produit plus souvent en début de l'hiver (Nguyen et Spradbrow 1991). En Mauritanie, des foyers de la MN sont plus fréquents pendant la saison chaude à partir de mois mars (Bell *et al.* 1990).

Martin et Spradbrow (1992) ont suggéré que les épidémies de la MN sont souvent associées avec le changement de saison, en particulier au début de la saison des pluies. Il semble que l'incidence n'est pas associée à une saison particulière, mais plutôt à des périodes de stress climatique. La dynamique des populations de troupeaux villageois peut également contribuer à l'apparition d'épidémies saisonnières car les pics saisonniers de ponte et l'éclosion engendre une augmentation du nombre d'oiseaux sensibles. Les migrations d'oiseaux sauvages, qui se font à certains saisons, peuvent jouer un rôle dans ces variations saisonnières.

Mode de transmission

La transmission verticale du virus, c'est-à-dire le passage direct du virus d'une génération à l'autre, soit par l'œuf, soit par transmission verticale de la poule aux poussins, n'est pas clairement établie. Pour les souches virulentes, elle est a priori peu probable car la MN provoque une chute de ponte et la multiplication virale dans l'œuf entraîne généralement (mais pas systématiquement) la mort de l'embryon. En revanche, les coquilles des œufs des oiseaux contaminés peuvent facilement être souillées par des fèces infectées (transmission pseudo-horizontale). Quelles que soient les modalités précises d'infection, des poussins infectés par des souches virulentes ou non peuvent éclore (Alexander 2000).

Suivant les voies d'infection on peut distinguer deux types de transmission horizontale : transmission directe et transmission indirecte.

Transmission directe : Le virus de la maladie de Newcastle se transmet par inhalation ou par ingestion (cycle orofécal) (Alexander 1988b) au contact des animaux infectés. Les oiseaux excrètent le virus dans les matières fécales et les sécrétions respiratoires. Les gallinacées excrètent le virus pendant 1 à 2 semaines, mais certaines autres espèces comme les palmipèdes peuvent l'excréter pendant plusieurs mois. L'excrétion du virus dépend des organes dans lesquels il se multiplie et cela peut varier avec le pathotype viral. Les oiseaux qui montrent des signes respiratoires répandent le virus dans un aérosol qui peut être inhalé par les autres oiseaux (Li *et al.* 2009b). Le virus, transmis par la voie respiratoire, dans un poulailler peut se propager avec une grande rapidité. Ce mode de transmission peut se produire si les oiseaux sont hébergés durant la nuit dans les mêmes lieux (Martin et Spradbrow 1992).

Transmission indirecte : L'infection par voie orale se produit quand les volailles réceptives mangent de la nourriture contaminée (Martin et Spradbrow 1992). Il est également possible que les volailles infectées, les oiseaux sauvages ou d'autres animaux contaminent une source d'eau commune, par exemple, les étangs communaux dans les villages, ce qui devient une source d'infection pour les autres oiseaux. D'autre part, les embryons morts contaminés, s'ils ne sont pas éliminés, sont des sources de virus chez les volailles en milieu rural (Alexander 1988b).

Le rôle des carcasses et produits avicoles infectés est bien reconnu dans la propagation de la maladie (Alexander 1988b). Dans les zones rurales, des oiseaux malades sont normalement consommés par la famille de l'agriculteur et les viscères des oiseaux sont souvent distribués aux volailles, chiens et chats (Martin et Spradbrow 1992) ce qui peut entraîner la dissémination du virus. Dans de nombreuses régions, les fumiers de volailles sont utilisés comme engrais et semblent être une source d'infection pour les volailles élevées en villages (Khalafalla *et al.* 2000). Le matériel avicole contaminé par le VMN, ainsi que les activités humaines peuvent représenter des sources de transmission de virus à des populations de volailles sensibles (Guittet *et al.* 1997).

1.1.6 Épidémiologie synthétique

L'introduction primaire du virus dans les élevages peut provenir d'un contact avec d'autres oiseaux sauvages ou domestiques infectés, de l'introduction par des intrants (aliment, litières, eau,...) ou du matériel souillé (mangeoire, abreuvoir, matériel de santé, chaussure ou vêtements des intervenants,...). Une fois introduit dans l'unité épidémiologique, la propagation secondaire du virus se fait par différentes voies : le contact direct entre oiseaux, la circulation des personnes et des équipements, la propagation par l'air, l'aliment ou l'eau contaminée. Les oiseaux vaccinés peuvent également excréter le virus (Alexander *et al.* 1999). Aussi les mouvements de volailles vivantes et des oiseaux sauvages, les déplacements des personnes et des équipements, les produits aviaires, les aliments et l'eau contaminés sont considérés comme facteurs de la propagation du VMN dans les troupeaux réceptifs (Alexander 2000). Ces facteurs peuvent jouer un rôle variable dans la propagation de la maladie chez les volailles en milieu rural.

La propagation du VMN entre les troupeaux est due principalement à (Alexander 1988b; 2000) :

- l'introduction d'oiseaux infectés achetés dans d'autres élevages ou sur les marchés,
- l'introduction d'aliments ou d'équipements contaminés,
- la visite des élevages par des personnes porteuses du virus sur leurs vêtements, leurs chaussures,
- la contamination par le virus présent dans les matières fécales.

A Madagascar, une étude des facteurs de risque (Rasamoelina *et al.* 2012) de la MN dans les petits élevages familiaux a montré que les fermes qui n'assurent pas les règles de biosécurité et qui ont un accès fréquent aux marchés sont très exposées au risque de MN.

1.1.7 Diagnostic de laboratoire

Sur le terrain, une suspicion de MN est basée sur les signes cliniques et les lésions observées à l'autopsie. Cependant les signes cliniques de la MN sont très variables et les lésions observées à l'autopsie ne sont pas pathognomoniques. Le recours au laboratoire est donc nécessaire pour confirmer le diagnostic. A cette fin, deux types de méthodes sont principalement utilisées :

- La détection des anticorps (Ac) produits par l'animal après un contact avec le virus (vaccinal ou sauvage) : après prélèvements de sérum, on applique soit le test d'inhibition de l'hémagglutination (IH) qui évalue le statut immunitaire des oiseaux car il permet de détecter les Ac protégeant contre l'établissement de la maladie ; soit le test ELISA qui détecte tous les Ac dirigés contre le virus. Évidemment, il y a d'autres tests que IH et ELISA mais le test ELISA est le plus utilisé en raison de sa facilité d'utilisation et l'existence de kits commerciaux.
- La détection du génome viral par RT-PCR (reverse transcriptase polymerase chain reaction) après prélèvements des écouvillons trachéaux et clonaux (ou prélèvements fécaux) chez les oiseaux vivants, ou à partir d'organes et de fèces regroupés, provenant d'oiseaux morts. Les produits de RT-PCR conventionnelle (amplicons) peuvent être séquencés et les séquences génétiques ainsi obtenues peuvent être utilisées pour étudier le génotype viral et le replacer dans des arbres phylogénétiques. Cela est très utile pour l'épidémiologie moléculaire du virus : étude de l'origine des souches, surveillance de l'introduction de nouveaux génotypes viraux, ... Les méthodes de RT-PCR quantitative sont plus rapides et permettent de quantifier le génome viral présent dans les prélèvements. En revanche, elles ne permettent pas de séquencer les produits de PCR.

L'isolement du virus se fait soit sur animal vivant ou œuf embryonné (culture in vivo), soit par techniques de cultures cellulaires (culture in vitro). L'isolement viral n'est pas fait en diagnostic de routine. Il est cependant très utile pour pouvoir caractériser finement le virus en cause, notamment lors d'enquêtes épidémiologiques.

1.1.8 Prophylaxie

Il n'existe pas de traitement contre la maladie de Newcastle. La prévention repose sur la vaccination qui doit toujours être complétée par des mesures sanitaires telles que des mesures d'hygiène et la biosécurité de l'élevage. D'autre part, une bonne alimentation et plus généralement de bonnes conditions d'élevage, permettent d'améliorer la capacité des oiseaux à développer une forte réponse immunitaire au vaccin (Alders et Spradbrow 2001b).

Prophylaxie sanitaire

Dans les zones où la maladie ne circule pas, le meilleur moyen de contrôle est de prévenir l'introduction du virus sans négliger la vaccination car le risque d'introduction est toujours présent notamment par la faune sauvage. En effet, l'échange d'oiseaux domestiques provenant d'élevages différents ainsi que les contacts avec des oiseaux sauvages sont des voies d'introduction de virus. Des précautions doivent être prises pour limiter la propagation du virus des oiseaux infectés par le contrôle des mouvements des personnes et des animaux.

Dans les exploitations commerciales, les mesures de prophylaxie sanitaire ont pour objectif d'empêcher, par des mesures de barrière sanitaire, l'introduction du virus dans l'élevage. Les mesures de biosécurité doivent être prises en compte au stade de la planification des locaux des exploitations avicoles commerciales. En effet, l'élevage devrait être organisé en bande d'âge homogène conduites séparément avec des périodes de vide sanitaire entres les bandes.

Les couvoirs doivent être isolés des fermes avicoles, les différentes espèces devraient être élevées sur différents sites, et l'eau du réseau devrait être utilisée. Souvent, dans les pays en développement de telles pratiques sont impossibles à mettre en œuvre.

En outre, la gestion des animaux et de leur introduction dans les élevages est essentielle à un programme réussi de contrôle. La mise en quarantaine et la désinfection des lieux infectés empêche la propagation de la maladie en interdisant le mouvement des oiseaux et des produits ainsi que le mouvement des humains. Il est important d'appliquer des mesures de blocage des zones infectées, en France, selon les recommandations de l'Arrêté Préfectoral portant Déclaration d'Infection (APDI) dès que possible pour prévenir la dispersion du virus.

Prophylaxie médicale

Dans de nombreux pays, la maladie de Newcastle est contrôlée efficacement par la vaccination. L'immunogénicité, le type de vaccin (inactivé ou vivant) et l'efficacité du vaccin sont les principaux facteurs régissant le choix du vaccin (Alexander 2000). Plusieurs vaccins sont disponibles pour les poules. Les facteurs qui doivent être considérés lors du choix d'un vaccin comprennent l'efficacité, transportabilité et le coût.

Il existe trois types de vaccins utilisés pour la MN : vivants lentogènes (souche F, Hitchner-B1 et la Sota), vivants mésogènes (souche Roakin, Komarov, Hertfordshire et Mukteswar) et inactivés (préparés à partir de souche virale sur culture cellulaire). Les vaccins vivants sont généralement lentogènes dérivés de virus localement identifiés faiblement pathogènes pour les volailles, et produisant une réponse immunitaire adéquate. Les vaccins vivants peuvent se reproduire chez l'hôte et être excrété ce qui n'est pas le cas des vaccins inactivés. C'est à la fois un avantage et un inconvénient, dans la mesure où il n'est pas nécessaire de vacciner tous les oiseaux, le virus vaccinal pouvant se propager d'un oiseau à l'autre (Burmester *et al.* 1956). Cependant, en cas d'infection par un virus sauvage, cela peut entraîner des signes cliniques atténués qui varient selon la souche vaccinale utilisée et la souche sauvage circulante (Westbury *et al.* 1984).

La durée de l'immunité dépend du programme de vaccination choisi. Une des considérations les plus importantes affectant les programmes de vaccination est le niveau d'immunité maternelle chez les poussins, qui peut varier d'une exploitation avicole à une autre et d'un oiseau à un autre. Pour cette raison, l'une des stratégies suivantes est employée. Soit les oiseaux ne sont pas vaccinés jusqu'à l'âge de 2-4 semaines où la plupart d'entre eux sont alors sensibles, ou les oiseaux âgés d'un jour sont vaccinés par instillation conjonctivale ou par l'application d'une pulvérisation grossière. Ceci permettra d'établir une infection active chez certains oiseaux qui persiste jusqu'à la disparition de l'immunité maternelle. La revaccination est ensuite effectuée 2-4 semaines plus tard. La vaccination des oiseaux âgés d'un jour, même avec des vaccins vivants lentogènes, peut entraîner des signes respiratoires (OIE 2012).

Les rappels de vaccination doivent être effectués à intervalles réguliers pour maintenir l'immunité. Dans les programmes de vaccination on a souvent recours à des vaccins vivants lentogènes, lors de la première vaccination, pour stimuler l'immunité. Après, des vaccins vivants mésogènes peuvent être utilisés (OIE 2012). On peut citer deux exemples de programmes de vaccination qui peuvent être utilisés dans différentes circonstances (OIE 2012) :

- lorsque la maladie est peu fréquente, il est suggéré de suivre le programme suivant : vaccin vivants lentogènes Hitchner-B1 administré par pulvérisation à l'âge d'un jour, vaccin vivants lentogènes Hitchner-B1 ou La Sota à l'âge de 18-21 jours d'âge administré dans le l'eau potable, vaccin vivants lentogènes La Sota administré dans l'eau potable à l'âge de 10 semaines, et un vaccin inactivé au moment de la ponte (OIE 2012).
- lorsque la maladie est grave et plus répandue, le même protocole que ci-dessus est adopté à 21 jours d'âge, suivi d'un rappel à l'âge de 35-42 jours par une administration de La Sota dans l'eau de boisson ou en aérosol, ce rappel est répété à l'âge de 10 semaines avec un vaccin inactivé (ou un vaccin vivant mésogènes) et encore répété au moment de la ponte (Allan *et al.* 1978).

Compte tenu des contraintes possibles de la vaccination MN, en particulier pour vaccins vivants, la vaccination appropriée doit être validée par des contrôles sérologiques dans les troupeaux vaccinés.

1.2 Aviculture villageoise à Madagascar

A Madagascar, le cheptel aviaire est estimé à 26 millions de tête (Maminiaina *et al.* 2007). L'élevage familial occupe une place prépondérante dans l'élevage avicole puisqu'il représente 95% du cheptel national d'oiseaux domestiques (Porphyre 2000). L'aviculture villageoise est une production à risque du fait de nombreuses contraintes, notamment les maladies, les prédateurs et les voleurs (Maminiaina *et al.* 2007).

1.2.1 Système d'élevage avicole

L'aviculture malgache est très diversifiée : poulets "gasy" (races locales de *Gallus gallus*), palmipèdes, pigeons, dindons... Les volailles sont destinées à l'autoconsommation familiale et comme source de revenu après la vente des animaux et des œufs.

Autour d'Antananarivo, une filière avicole moderne s'est installée pour la production d'œufs de consommation et de poulets de chair. Une filière "palmipèdes gras" pour la production de foie gras existe sur les Hautes Terres, dans le triangle Antananarivo - Tsiroanomandidy - Fianarantsoa, profitant de sous-produits agricoles disponibles pour l'aviculture. Les palmipèdes sont souvent conduits sur les rizières pour qu'ils puissent se nourrir. Les systèmes agricoles intègrent en effet les productions de riz, porcs, ruminants, volailles, voire poissons. La plupart des productions aviaires reste familiale, avec un faible niveau d'intensification. Plusieurs espèces de volailles sont en général présentes sur les mêmes exploitations, en particulier poulets gasy et palmipèdes. Les grands bassins de production aviaire (qui sont aussi des bassins rizicoles) sont présentés dans la figure 1.8 :

- le lac Alaotra (côte Est, 800 m d'altitude, région d'Ambatondrazaka),
- la région de Marovoy (côte Ouest, niveau de la mer),
- Les Hautes Terres, dans le triangle formé par Antananarivo, Tsoroanomandidy et Fianarantsoa.

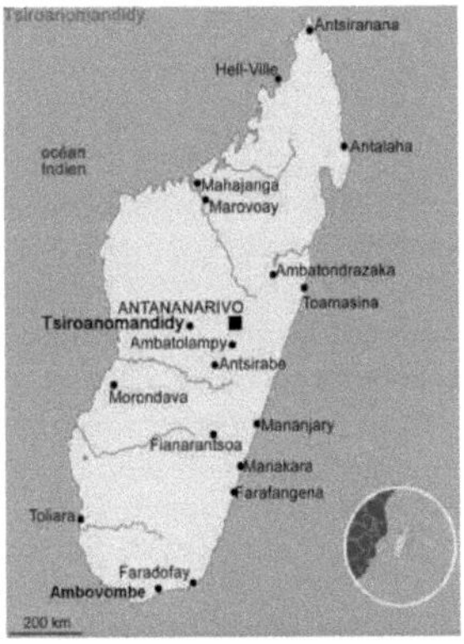

FIGURE 1.8 – *Madagascar et les zones d'études*

Les productions de canards (communs et de Barbarie), d'oies et de dindons font l'objet d'un élevage traditionnel à la ferme. Ce mode extensif de conduite est imposé par le très faible revenu des ménages dans ces régions rurales et se base sur une production de viande au moindre coût possible, au risque de voir disparaître la majeure partie des animaux au cours d'une épidémie de choléra aviaire (*Pasteurella multocida*) ou de maladie de Newcastle.

L'élevage extensif des poulets de race locale dite "akoho gasy" est omniprésent dans les campagnes malgaches. Ce type d'élevage fournit la très grande majorité de la viande de volaille consommée dans le pays, la chair étant plus appréciée que celle du poulet de chair de race exotique. Les œufs servent principalement au renouvellement des cheptels même si dans certaines zones (exemple Ambovombe) une filière extensive struc-

FIGURE 1.9 – *Poules et oies en divagation au milieu d'un village*

turée approvisionne les villageois en œufs de consommation (Porphyre 2000).

L'aviculture villageoise à Madagascar n'apporte pas beaucoup de revenus car le nombre de volailles exploitées par les familles reste faible. D'après nos observations sur le terrain nous avons constaté que les effectifs par famille sont de moins de 5 mères (moins de 50 têtes en tout).

Généralement, les volailles sont en divagation le jour (figure 1.9), et enfermées le soir dans des abris. Ces abris sont généralement les maisons d'habitation des éleveurs mais parfois ils sont construits à l'extérieur et couverts de bois, de végétaux séchés, de tôles ou de terre.

Les oiseaux trouvent leur nourriture en errant entre les habitations du village, et récupèrent les restes de la récolte, du riz principalement, et de la cuisine (figures 1.10 et 1.11). L'alimentation est donc rarement ajustée aux besoins des oiseaux, et aucune trésorerie n'est mobilisée pour l'achat d'aliment (ou très rarement). Les petits poussins divaguent avec les adultes pour trouver leur nourriture. Ils souffrent de la compétition pour l'alimentation et sont les procès des prédateurs ainsi que la source de la dispersion des maladies en raison des contacts avec plusieurs sources de virus.

Souvent les oiseaux n'ont pas suffisamment d'eau ou l'eau qu'ils trouvent est sale et est source de contamination. L'approvisionnement en eau n'est pas généralement assuré par l'éleveur, et les oiseaux s'abreuvent avec les eaux de surface disponibles (figure 1.12) et parfois dans des abreuvoirs, principalement construits en matériaux de récupération : des récipients de ménage (usés voire cassés), ou encore un trou creusé non loin de la maison.

FIGURE 1.10 – *Poules et canards se nourrissant*

FIGURE 1.11 – *Canards nageant et se nourrissant dans une rizière, à proximité d'un héron*

FIGURE 1.12 – *Canards et oies au bord d'une rivière*

Dans ce système, les poules couvent et élèvent leurs poussins. Beaucoup d'oiseaux sont malades ou grossissent lentement, produisant peu d'œufs et de viande. Les services vétérinaires et la formation sont rarement disponibles localement. Face au manque de services offerts aux éleveurs, un secteur informel incarné par des paysans "vaccinateurs" ou "auxiliaires vétérinaires" s'est mis en place à Madagascar. Ce sont des éleveurs formés par des ONG ou des projets de développement, ils réalisent des interventions de base du type vaccination, déparasitage, castration... Contrairement au technicien para-vétérinaire prévu dans l'organisation officielle du réseau de santé animale, l'auxiliaire de santé est souvent un paysan qui collabore ou non avec le vétérinaire (campagnes de vaccination) et assure le service de proximité aux membres de sa communauté, mais qui ne bénéficie d'aucun statut officiel.

1.2.2 Les contraintes liées à la MN

La maladie de Newcastle est endémique chez les volailles villageoises en Afrique et en Asie. Elle est généralement facilement identifiée par les agriculteurs mais le manque d'argent et parfois de sensibilisation rendent difficile le contrôle de la maladie dans les élevages de volailles. Dans l'aviculture villageoise, la maladie de Newcastle est le plus grand obstacle à la production aviaire (Alders et Spradbrow 2001b, Kitalyi 1998).

Il existe plusieurs facteurs de persistance du virus dans les villages (Martin et Spradbrow 1992). Les oiseaux domestiques comme les canards, les pigeons, dindes, les oies peuvent être porteurs du VMN sans développer des signes cliniques. Alors ils peuvent devenir une source d'infection pour les poulets (Kant *et al.* 1997, Liu *et al.* 2008, Samberg *et al.* 1989, Biancifiori et Fioroni 1983, Lomniczi *et al.* 1998). De plus, le contact avec des oiseaux sauvages peut entrainer des infections avec des souches virulentes (Alexander 1988b). L'environnement peut également jouer le rôle de réservoir viral dans la mesure où le virus peut survivre plusieurs mois dans le sol ou dans des eaux (Alexander 1988b).

La santé animale à Madagascar demeure un domaine peu maîtrisé. Malgré son insularité, Madagascar est loin d'être épargnée par les principales maladies aviaires et doit faire face à une forte pression infectieuse au niveau des cheptels. Le manque de moyens financiers, les dysfonctionnements dans la coordination des actions sanitaires ou encore l'ubiquité de certains virus dans les populations aviaires divagantes sont une première explication à cette situation sanitaire préoccupante (Porphyre 2000).

Les causes de mortalité sont dues aux maladies notamment la maladie de Newcastle, et les parasitoses chez les poussins. Les oiseaux qui sont en liberté peuvent facilement se contaminer avec différents pathogènes. Quand un oiseau a une maladie contagieuse, il y a un grand risque de transmission pour tous les oiseaux du village.

Sans organisation, sans connaissance des potentiels de la production de volaille villageoise les producteurs reçoivent très peu de soutien et de conseils de la part des agents du service santé animale. La production de volailles à petite échelle reste de ce fait, rudimentaire dans de nombreux endroits.

1.2.3 Épidémiologie de la MN à Madagascar

La première épizootie est apparue à Madagascar en 1946 (Rajaonarison 1991). Depuis, la maladie n'a cessé de faire des ravages dans le pays, en effectuant au moins un pic annuel.

Situation épidémiologique à Madagascar

Une enquête épidémiologique sur la maladie de Newcastle en aviculture villageoise a été effectuée dans deux zones : l'une à Ambohimangakely, l'autre à Moramanga entre mai 1999 et juin 2000 par Maminiaina *et al.* (2007). Les résultats montrent que la MN effectue un pic principal en octobre et un pic secondaire en mars (figure 1.13), l'incidence de la maladie calculée en pourcentage de la taille du cheptel de chaque éleveur. Ce suivi de 33 élevages rapporte que la MN était responsable de 44% des mortalités des volailles. Dautres enquêtes, basées sur des déclarations d'éleveurs à partir des signes cliniques rapportent des taux de mortalité allant jusqu'à 90% dans les villages atteints (Rasamoelina 2011).

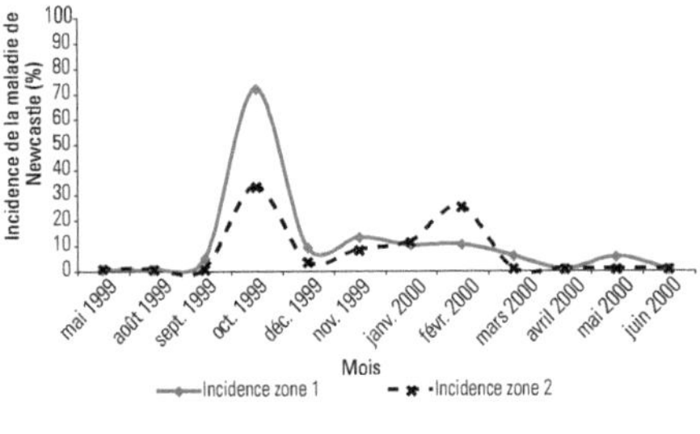

FIGURE 1.13 – *Évolution de l'incidence de la maladie de Newcastle dans les deux zones de l'enquête (Maminiaina* et al. 2007*)*

Une étude a été réalisée afin d'identifier les facteurs de risque possibles de la transmission du VMN inter-village et intra-village dans deux sites d'étude, le lac Alaotra et le Grand Antananarivo, choisis pour leurs différences en termes de caractéristiques agro-écologiques et des productions avicoles (Rasamoelina 2011). La région du lac Alaotra est la plus grande zone humide de Madagascar. On y trouve beaucoup de rizières et une importante production d'oies et de canards en plus des poulets de chair, contrairement au Grand Antananarivo où on trouve principalement la production de poulets. Selon Rasamoelina *et al.* (2012) le lac Alaotra a vu une circulation importante du VMN par rapport à Antananarivo. Cela peut être expliqué par la transmission environnementale via l'eau du lac ou par la transmission inter-espèces (poulets, canards, oies, ...).

Par ailleurs, à Antananarivo les élevages de basse-cour étaient associés à un niveau de risque de MN plus élevé en raison l'absence des mesures de biosécurité.

Des prélèvements ont été effectués dans les foyers de MN sur les volailles domestiques dans deux sites d'études (Antananarivo et lac Alaotra) entre 2008 et 2010 afin de caractériser les souches isolées et de déterminer l'index de pathogénicité intracérébrale (IPIC). Les valeurs d'IPIC étaient de 1,9, ce qui correspond à fort pouvoir pathogène (souche vélogène) (Maminiaina 2011). Le virus identifiés sur foyer appartenaient le plus souvent au génotype XI.

Pratiques sanitaires

La MN reste une dominante pathologique en l'absence de vaccination généralisée chez les petits agriculteurs (Maminiaina *et al.* 2007). Les oiseaux sont rarement vaccinés et les médicaments ne sont pas souvent donnés, à cause de manque de trésorerie d'une part, et de méconnaissance des pertes causées par les maladies d'autre part. De nombreux animaux meurent très jeunes, en raison des prédateurs, des maladies, du manque de nourriture, des conditions climatiques défavorables et des accidents.

Plusieurs vaccins contre la MN sont commercialisés à Madagascar. Ils sont fabriqués essentiellement à partir de trois souches : La Sota, Hicthner B1, et Mukteswar. Les deux premières sont des souches lentogènes appartenant au génotype II. La souche Mukteswar est une souche mesogène appartenant au génotype III. Le choix du vaccin par les éleveurs se fait en fonction du type d'élevage et de vaccins disponibles. Dans les élevages villageois généralement le vaccin Pestavia (souche Mukteswar) est utilisé. Il est recommandé chez les poussins à l'âge de 21 jours une vaccination et un rappel annuel par injection sous cutané, mais cela reste un protocole difficile à réaliser en pratique. En ce qui concerne la vaccination, les résultats de Maminiaina (2011) montrent que les poulets vaccinés et infecté sont protégés contre la morbidité et mortalité, cependant, ils excrètent le virus.

Conclusion

Les élevages familiaux présentent des conditions favorables à la survie du VMN au sein de la population de volailles du fait que la population aviaire du village peut être elle-même un réservoir viral à cause de la dynamique des cheptels de volailles et des conditions d'élevage. De plus, d'autres espèces sont présentes dans le village et plus particulièrement les canards et les oies qui sont réputées peu sensibles à la maladie même si des cas de maladies cliniques sont quelquefois rapportés. Cependant elles hébergent et excrètent les virus dans l'environnement. Cet environnement constitue un réservoir du VMN et favorise la transmission aux oiseaux sensibles. Par ailleurs, les pratiques de vaccination en milieu villageois sont très peu étudiées et méritent d'être analysées afin d'adapter les stratégies de contrôle de la MN.

2 Enquête sur les pratiques de vaccination contre la maladie de Newcastle à Madagascar

"The best defense is a good offense."

Author Unknown

Sommaire

Dans ce chapitre, nous présentons une étude de terrain que nous avons réalisée à Madagascar pour comprendre les circonstances des campagnes de vaccination. En effet les conditions de déroulement de la vaccination en milieu villageois impactent fortement son efficacité de protection contre la maladie de Newcastle. Nous désirons introduire la vaccination dans les modèles que nous développons. Nous avons donc besoin de connaitre comment est faite la vaccination à l'état actuel à Madagascar et ce qu'on peut en attendre.

2.1 Introduction et objectifs

La couverture vaccinale par le vaccin contre la MN dans les élevages familiaux à Madagascar est estimée à moins de 10% pour un effectif présentant 95% de l'effectif national (Maminiaina *et al.* 2007). Cependant, les pratiques actuelles de vaccination de l'avifaune domestique ne sont pas assez étudiées à Madagascar pour savoir si elles sont susceptibles d'aboutir à un contrôle efficace de la maladie de Newcastle.

L'objectif de cette étude est d'avoir des informations sur la mise en œuvre de la vaccination contre la MN dans les conditions du terrain à Madagascar et d'évaluer la couverture vaccinale obtenue. Ces informations ont servi à déterminer l'impact de la vaccination sur la transmission potentielle du virus de la MN à Madagascar afin de rendre nos hypothèses de modélisation les plus proches possibles de la réalité dans ces systèmes d'élevages. Sur la base de ces données, nous avons également établi différents scénarios de vaccination réalistes dans les conditions malgaches, que nous avons évalués dans la discussion générale de la thèse, à l'aide des modèles développés.

Pour répondre à cet objectif principal nous nous proposons de déterminer :

- Les conditions de réalisation de la vaccination : information des éleveurs, modalités d'organisation de la campagne de vaccination, fréquence des campagnes de vaccination, nature du vaccin utilisé, modalités de son utilisation : chaîne du froid, durée d'utilisation effective après sortie du réfrigérateur ou de la glacière (intervalle minimum et maximum), nature des vaccinateurs.
- La couverture vaccinale (taux de vaccination) dans un village : proportion des éleveurs concernés par la vaccination, proportion d'animaux vaccinés parmi les différentes espèces réceptives au virus et présentes dans les villages : poulets, canards, oies, pintades, pigeon...
- La proportion (parmi les vaccinés) des individus qui développent des anticorps après vaccination, selon les différentes espèces concernées par la vaccination.

2.2 Matériel et méthodes

L'enquête consistait à suivre le réseau des vaccinateurs Kristianina Mpanao Vakisiny en malgache (KMV) dans le district de Vavatenina - région Analanjirofo au Nord-Est de Madagascar (figure 2.1). Nous avons préparé un questionnaire afin d'avoir des informations sur l'organisation, la préparation et le déroulement des compagnes de vaccination. Les réponses fournies par les vaccinateurs à ce questionnaire nous ont aidées à comprendre les résultats de la vaccination et la possibilité de la reproduire et de l'améliorer dans d'autres régions de Madagascar.

L'étude s'est déroulée en 2 phases :

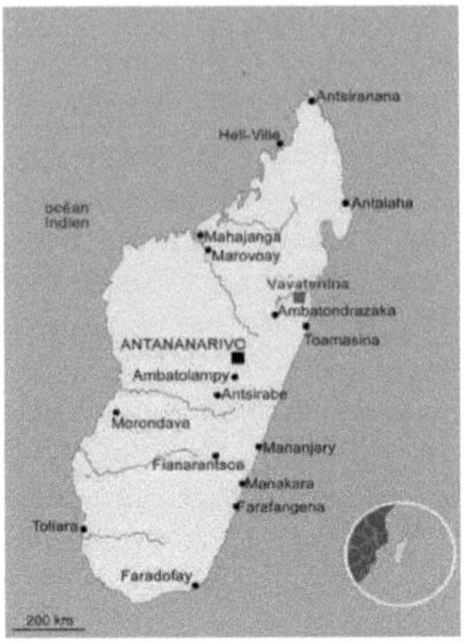

FIGURE 2.1 – *Zone d'étude*

- Une première mission s'est déroulée entre le 5 et le 11 juin 2012. Elle a consisté à accompagner les vaccinateurs dans les villages pour suivre les différentes étapes de la campagne de vaccination, marquer les volailles vaccinées sous les ailes à l'aide d'une bombe de peinture (figure 2.2) et remplir les questionnaires. Cette mission a servi aussi à prendre contact avec les villageois via le chef des vaccinateurs (le pasteur) pour préparer la deuxième phase.
- Une seconde mission a consisté à repasser dans les mêmes villages deux semaines environ après la vaccination (entre le 25 et le 30 juin 2012) pour prendre des échantillons de sang des poules vaccinées, afin de vérifier l'efficacité de la vaccination. Notons que les aviculteurs villageois ne vaccinent que les poules.

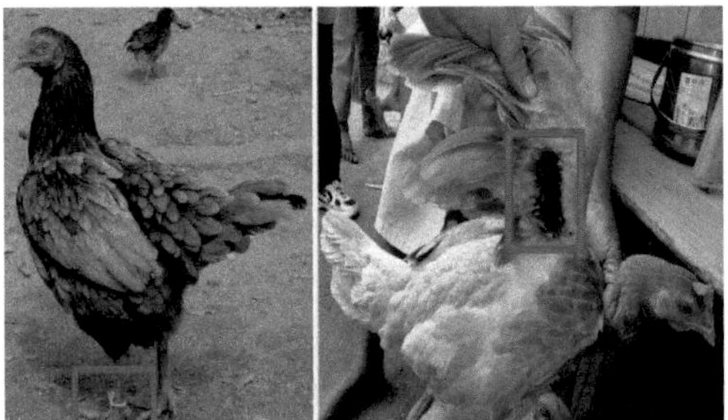

FIGURE 2.2 – *Marquage de poules vaccinées*

Les objectifs fixés par les organisateurs de la campagne de vaccination (figure 2.3) étaient de lutter contre la maladie Newcastle afin de préserver la santé des oiseaux.

Nous avons visité 7 villages dans les alentours de Vavatenina afin de nous familiariser avec les conditions locales et nous faire connaitre des vaccinateurs. Ces villages étaient situés à différentes distances du centre

FIGURE 2.3 – *Opération de la vaccination*

de Vavatenina : Ambatobe (1 Km), Antoby (7 Km), Maramitety (11 Km), Ambohibe (12 Km), Anjahambe (17 Km), Ambohimiarna (7 Km) et Ampasimazava (15 Km). Nous avons assisté à la vaccination de 118 poules et nous les avons toutes identifiées.

Le vaccin utilisé contre la MN à Madagascar est le Pestavia, un vaccin vivant atténué à souche Mukteswar produit localement. Il existe un autre vaccin vivant, avirulent, thermostable contre la MN à partir de la souche avirulente du virus australien I-2, mais il n'est pas utilisé dans les villages à cause de son prix élevé. Lors de compagnes de vaccination, Pestavia est souvent administré avec un vaccin contre le Choléra aviaire (Avicol).

Le réseau de vaccinateurs est constitué soit d'enseignants soit d'agriculteurs qui ont suivi des formations organisées par l'Institut Malgache de Vaccins Vétérinaires (IMVAVET). Au début, 140 vaccinateurs ont été formés. Cependant au moment de notre enquête il ne restait que 10% d'actifs faute de rentabilité du travail.

Les vaccinateurs prospectent dans les marchés, après ils se déplacent dans les villages pour compter l'effectif de poules à vacciner. Parfois les gens sollicitent le vaccinateur. Le choix des dates de passage se fait en accord avec le chef du village qui prévient les villageois pour rassembler leurs poules dans un lieu commun. Parfois le vaccinateur est obligé de visiter les élevages un par un dans le but de les sensibiliser. Chaque éleveur choisit les poules à vacciner parmi ce dont il dispose, car il ne peut pas les vacciner toutes, faute de moyen financier.

Après achat, les vaccins sont conservés dans les réfrigérateurs, chez le chef des vaccinateurs (le pasteur). Le jour de la vaccination, les vaccinateurs se déplacent souvent à pieds ou parfois en vélo dans les villages et ils apportent les vaccins dans des glacières avec des glaçons (figure 2.4).

Nous sommes repassés dans les mêmes villages deux semaines après la vaccination pour prendre des échantillons de sang chez les animaux vaccinés et marqués. Nous n'avons retrouvé que 66 poules parmi les 118

FIGURE 2.4 – *Glacières pour le transport du vaccin*

marquées. Nous avons prélevé du sang à veine alaire des volailles à l'aide d'une aiguille et d'une seringue, et le sang a été conservé dans des tubes en plastique stériles, fermés par des bouchons à vis et conservé au frais. Après extraction du sérum, les échantillons ont été analysés par le test ELISA (LSI VET AVI NDV) pour déterminer la proportion des animaux qui ont répondu au vaccin.

Compte tenu des perdus de vue, le taux de protection peut être estimé par $e = y/(n - m/2)$ avec y le nombre d'animaux protégés, n le nombre initial d'animaux vaccinés et m le nombre de perdus de vue (Lesnoff *et al.* 2011). En l'absence de données sur la répartition des animaux par troupeau et par village, l'intervalle de confiance à 95% a été calculé sous l'hypothèse de distribution binomiale du taux de protection.

2.3 Résultats

En se fondant sur les résultats de notre questionnaire on en déduit les constations suivantes :

Choix des villages et des dates de passages : Il n'y a pas de fréquence systématique pour la vaccination mais selon la demande des éleveurs. Généralement pendant la période de la récolte de riz (septembre et octobre) la demande augmente, car d'une part les éleveurs disposent de ressources financières en vendant le riz, et d'autre part, c'est la période de l'émergence de la maladie. Le vaccinateur reçoit les commandes des habitants de son villages qui souhaitent vacciner leurs volailles. Dès qu'il atteint 50 commandes, qui correspond un flacon de 50 doses, il se déplace chez le chef de vaccinateur (le pasteur) pour en procurer. Un flacon de Pestavia s'achète à 2000 Ariary (0,6 €) pour 50 doses mais les éleveurs qui en commande via le vaccinateur paye 300 Ariary (0,1 €) pour les 2 vaccins Pestavia et Avichol.

Délai d'utilisation du vaccin : Après sortie du réfrigérateur, la durée d'utilisation effective du vaccin est d'un jour en maintenant le vaccin dans une glacière avec des *freeze packs* ou glaçons. Passé ce délais, le vaccin est en principe détruit.

Choix des animaux à vacciner : Les éleveurs ne vaccinent que les poules et les dindes car ce sont les espèces les plus sensibles à la maladie et qui connaissent une forte mortalité lors d'une épizootie et parce qu'elles sont productrices d'œufs et de poussins. Le choix des animaux vaccinés se fait suivant des critères d'âge et d'état sanitaire. Les animaux doivent être en bonne santé et âgés de plus d'un mois. Mais comme on ne vaccine pas tous les oiseaux, l'éleveur choisit parmi ses poules celles qu'il pense garder pour couver des œufs ou celles qu'il prévoit de vendre.

Le tableau 2.1 présente le nombre d'éleveurs de volailles dans chaque village, ainsi que le nombre d'éleveurs qui ont l'habitude de vacciner leurs volailles. Ces chiffres sont une estimation par le vaccinateur de chaque village.

Villages	Nombre de propriétaires de volailles	Pourcentage de propriétaires concernés par la vaccination
Ambatobe	40	50
Ambohibe	45	55
Ambohimiarina	35	71
Andampavola	40	75
Anjahambe	45	44
Antoby	20	75
Maromitety	25	60
Vavatenina	50	80
Total	300	63

TABLE 2.1 – *Éleveurs de volailles*

Le tableau 2.2 présente le pourcentage des volailles vaccinées par espèce. Ces chiffres sont une estimation par le vaccinateur de chaque village. Pour les poules, nous présentons les pourcentages en fonction de l'âge à cause d'une variation entre les poussins et les adultes. Les oies et les canards ne sont pas vaccinés contre la MN. En ce qui concerne les dindes, nous avons préféré rajouter l'effectif par village pour rendre plus compréhensible le pourcentage. Il s'agit généralement de petits effectifs (ne dépassant pas 40 par village). Dans les villages Ambohimiarina et Antoby, il n'y a pas de dindes. Cependant pour Vavatenina, nous n'avions pas pu compter ni le nombre de dindes élevées ni le nombre des vaccinées.

Le tableau 2.3 présente le nombre de volailles marquées et vaccinées au moment de notre passage, que nous avons marqués.

Villages	Poules		Dindes
	Poussins	Adultes	
Ambatobe	23	83	100 (n=29)
Ambohibe	34	71	40 (n=38)
Ambohimiarina	20	86	0 (n=0)
Andampavola	27	85	50 (n=12)
Anjahambe	10	66	100 (n=22)
Antoby	10	80	0 (n=0)
Maromitety	58	63	62 (n=37)
Vavatenina	33	86	-
Total	25	81	70
	40		

TABLE 2.2 – *Pourcentages des volailles vaccinées depuis 6 mois par village*

L'opération de vaccination commence généralement en après-midi, le temps que le vaccinateur aille chercher le vaccin chez le pasteur et revienne à son village. Elle dure jusqu'à la nuit quand les poules rentrent de leur divagation. Nous n'avons pu assister à la fin de l'opération de vaccination, que dans Vavatenina. En effet, pour de raisons de sécurité, nous devions rentrer à notre camp avant la tombée de nuit.

Villages	Poules	
	Poussins	Adultes
Ambatobe	3	11
Ambohibe	2	10
Ambohimiarina	0	11
Andampavola	0	9
Anjahambe	0	8
Antoby	3	8
Maromitety	0	9
Vavatenina	6	31
Total	14	104
	118	

TABLE 2.3 – *Nombre de volailles vaccinées et marquées lors de notre passage*

Résultats sérologiques : Sur 118 oiseaux vaccinés, 66 ont été retrouvés et ont fait l'objet d'une prise de sang pour contrôle sérologique. Tous les échantillons testés ont été considérés comme positifs, avec notamment un titre supérieur à 317. Les titres obtenus s'échelonnent de 730 à 9539, avec une dispersion assez faible (médiane 6751, premier et troisième quartile 6049 et 8104 respectivement). La figure 2.5 présente les résultats sous forme de boite à moustaches avec en vert les seuils de positivité et de protection (vaccin vivant entre 317 et 3000 et vaccin inactivé entre 3000 et 10 000) et en rouge le seuil au delà duquel on considère qu'une infection virale a eu lieu (10 000). On peut constater que les points extrêmes sont peu nombreux. En tenant compte des perdus de vue, le taux de protection estimé était de 72%, avec un intervalle de confiance à 95% de [62 ;80].

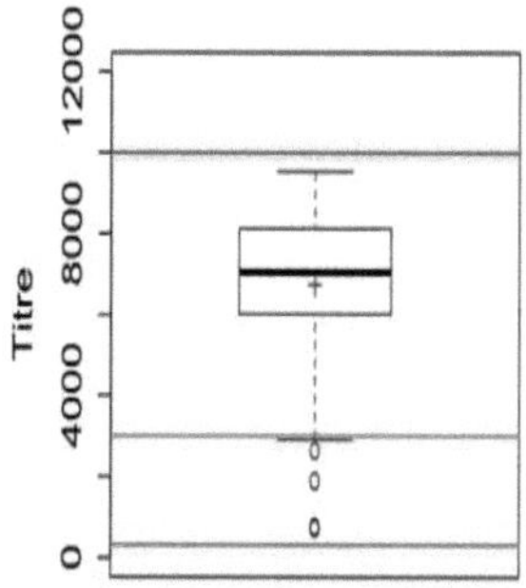

FIGURE 2.5 – *Titre d'anticorps sous forme de box plot, avec en vert les seuils de positivité et de protection pour un vaccin vivant (entre 317 et 3000) et en rouge le seuil au delà duquel on considère qu'une infection virale a eu lieu (10 000).*

2.4 DISCUSSION

2.4.1 Résultats du questionnaire

Les compagnes de vaccination restent une initiative personnelle du pasteur de Vavatenina et du directeur de l'IMVAVET. Ils ont pu convaincre quelques enseignants agriculteurs à suivre une formation pour apprendre à vacciner. Ce n'est pas un travail complètement bénévole car ces vaccinateurs reçoivent une petite somme d'argent qui est comprise dans le prix de vaccination par poule (300 Ariary pour les deux vaccins Avichol et Pestavia).

A notre connaissance, cette initiative des réseaux de vaccinateurs KMV n'a pas été étudiée et suivie pour comprendre son fonctionnement et essayer de l'élargir à tout le pays. Nous avons visité avec les KMV 7 villages situés dans un rayon maximum de 17 km de Vavatenina. Il y a bien d'autres villages dans les alentours de Vavatenina où ce réseau de vaccinateurs intervient, cependant la période de notre passage ne coïncidait pas avec d'autres demandes de vaccination.

Le nombre d'éleveurs de volailles intéressés par la vaccination est assez important et représente 63% des éleveurs dans les villages que nous avons visités. Cela peut être expliqué par l'effet de la sensibilisation à la vaccination par le chef des vaccinateurs et leur équipe. De plus, les résultats des compagnes précédentes encouragent les éleveurs à continuer et incitent ceux qui n'étaient pas intéressés auparavant à commencer à vacciner.

Le tableau 2.2 présente des estimations par les vaccinateurs du pourcentage des volailles vaccinées par espèce durant 6 mois. Nous avons donc pris soin de vérifier auprès du chef de vaccinateurs que la quantité de vaccin achetée durant les six derniers mois soit compatible avec ces pourcentages, ce qui est le cas. Les éleveurs ne vaccinent pas les oies et les canards.

La couverture vaccinale contre la MN dans ces villages était 40% chez les poules et 70% chez les dindes, ce qui est largement au-dessus de la moyenne nationale qui est inférieure à 10% (Maminiaina 2011). Cela reste propre à ces villages et on ne peut pas le généraliser à Madagascar car c'est le résultat du travail du pasteur et de son réseau à inciter les gens à vacciner leurs volailles. Ils ont pu mettre en place toute une logistique malgré de faibles moyens. Les poussins sont moins vaccinés que les adultes et les dindes pourtant ils sont plus sensibles. La cause de cette variabilité est le coût de l'oiseau. En effet, les dindes sont plus chères que les poules adultes qui sont à leur tour plus chères que les poussins. A cause du manque d'argent, les éleveurs préfèrent protéger leurs poules ou dindes en les vaccinant.

Les conditions globales de la conservation des vaccins semblent répondre aux recommandation. En effet, le chef de vaccinateurs se procure trois ou quatre fois par an une quantité suffisante de vaccin en allant la chercher à l'IMVAVET, à Antananarivo (environ 240 km). Pendant le transport, la conservation se fait dans des glacières. Une fois arrivé à Vavatenina, le vaccin est conservé dans un réfrigérateur jusqu'au jour de la vaccination. Nous avons aussi remarqué quelques erreurs d'administration. Parfois des flacons ouverts sont conservés plus de 24 heures à température ambiante. Aussi nous avons remarqué que quelques vaccinateurs utilisent la même seringue pour les deux vaccins (Pestavia et Avicol), ce qui est contre-indiqué dans la notice du vaccin à cause des risques de contamination croisée.

Nous avons remarqué durant cette enquête qu'on peut arriver à bien vacciner et protéger les animaux mais dans la mesure où on utilise du vaccin vivant, il faut bien conserver le vaccin, utiliser une eau de bonne qualité pour la reconstitution et une bonne administration. En effet, l'eau de puits peut contenir des ions ferriques et inactiver le virus vivant, de même toute administration d'eau chlorée sera aussi synonyme de destruction du vaccin.

Pour les éleveurs, si le manque d'argent constitue un obstacle pour acheter des doses de vaccin pour l'ensemble de cheptel aviaire ainsi sur l'achat des vitamines et les médicaments. La vente d'un animal permettait d'acheter du vaccin. En effet le prix d'un poulet "gasy" varie entre 4000 et 6000 Ariary (entre 1,2 et 1,8 €) alors que les éleveurs payent 300 Ariary (0,1 €) par poulet pour les 2 vaccins Pestavia et Avichol. Ces prix restent assez élevés pour un éleveur car en vendant une poule, il ne peut vacciner que 15 oiseaux, approximativement, pour un effectif de 50 têtes environ. Cependant, cela reste beaucoup plus rentable que ne pas vacciner vu la mortalité élevée lors des flambées épidémiques de la MN. Il faut donc encourager les éleveurs à vacciner leurs volailles.

Sensibiliser les éleveurs à vacciner et à protéger leurs volailles reste la tâche la plus difficile du fait que ce sont souvent les femmes et les enfants qui s'occupent des volailles et ce n'est pas aussi noble dans l'esprit des villageois que les bovins (Alders et Spradbrow 2001a). Dans ce contexte, le rôle de l'état demeure très important pour programmer des campagnes de vaccination de masse des animaux. Le rôle du secteur privé (ONG, organisations paysannes, projets de développement rural) est aussi important pour inciter les paysans à pratiquer l'aviculture, les sensibiliser sur l'utilité indiscutable des vaccins pour réussir l'élevage et d'entreprendre la formation des vaccinateurs villageois axée sur la connaissance des vaccins et de la vaccination.

2.4.2 Résultats sérologiques

Les résultats du test ELISA pratiqué sont tous considérés comme positifs, témoignant de la présence d'anticorps contre le VMN. Les résultats montrent une faible dispersion et un niveau élevé de protection (seuls 25% des animaux présentent un titre inférieur à 6000). La relative faible dispersion des résultats, ainsi que les titres élevés mais inférieurs à 10 000 permettent de conclure à la mise en œuvre d'une vaccination efficace. Toutefois les titres (50% compris entre 6049 et 9539) semblent plus élevés que ce qu'il peut être attendu d'une vaccination avec vaccin vivant (317-3000). Ceci pourrait être en faveur de contacts antérieurs des animaux échantillonnés avec le virus, d'autant que ces animaux étaient pour la plupart des adultes. La vaccination aurait alors stimulé une réponse anamnestique conduisant à une forte production d'anticorps.

Une enquête sérologique menée au sein de poulets villageois en 2008 en Birmanie par Henning *et al.* (2008) a permis de montrer que 78,8% [IC, 74,1-83,6] des 5611 poulets prélevés dans plusieurs villages avaient une sérologie positive vis-à-vis de la MN. Ces auteurs ont considéré un seuil de titre "protecteur" à 1000 (log2 titre $\geq$ 3), ce qui conduit à des taux de protection des animaux variant de 14 à 42% en fonction des villages. Une variabilité saisonnière du taux de protection a également été observée et il a été noté une association entre des taux de protection élevés et une réduction de la mortalité dans les mois qui suivaient, dans les villages concernés. Bien que le test utilisé ici (HI test) ne soit pas le même que le notre (ELISA), les titres garantissant une protection sont assez comparables. Le fort taux de protection chez les poulets que nous avons pu prélever est, dans notre cas, également en faveur d'une protection des animaux vaccinés et d'une baisse de la mortalité liée à la MN.

Une enquête sérologique réalisée au Mali en 2007-2008 (Molia *et al.* 2011) a montré que 58,4% des 1085 volailles villageoises non vaccinées étaient séropositives vs la MN. La probabilité d'être séropositif était plus importante chez les poulets que les canards (OR=2) et chez les adultes que chez les jeunes (OR=3,1). Bien que l'on n'ait pas pu atteindre ce niveau d'analyse (pas de canards prélevés et quasiment pas de jeunes), il est probable que ces résultats s'appliquent également dans notre étude : les *Gallus gallus* étant plus sensibles que les canards et les oies à l'infection, et les adultes ayant eu plus d'occasions de se trouver en contact avec le virus, compte tenu de leur âge. Dans cette étude, le test ELISA utilisé est identique à celui mis en place dans notre travail, permettant une stricte comparaison des résultats sérologiques avec les mêmes seuils de positivité. Les taux de séropositifs variaient de 17,1% à 87,7% en fonction des périodes d'échantillonnage chez des animaux non vaccinés, montrant une variabilité de la protection liées à des contacts passés avec le virus. Chez les troupeaux vaccinés en revanche, le taux de séroconversion variaient de 96,9% (pour les volailles de basse-cour) à 100% (pour les volailles commerciales), signant une très bonne protection contre la MN. Ce résultat est comparable à celui obtenu sur les oiseaux de notre échantillon ayant pu être contrôlés. Dans l'étude de Molia *et al.* (2011), la protection observée est probablement due à la vaccination, mais la seule façon d'écarter l'intervention d'une infection naturelle aurait été l'examen des titres sérologiques, non disponibles dans la publication.

Si tous les animaux ayant pu être retrouvés après vaccination présentaient des titres signant une bonne protection contre l'infection, le taux de protection estimé, compte tenu du nombre élevé de perdus de vue, est lui bien moindre (72%) parmi les animaux vaccinés, alors même que ceux-ci ne représentaient qu'une petite partie de la population totale dans les villages concernés. Le calcul du taux de reproduction de base ($\mathcal{R}_0$) pour la MN dans ce type de population aviaire permettrait de préciser le taux de vaccination et d'immunité post-vaccinale nécessaire pour arrêter la propagation d'une épidémie de MN dans ces conditions (Anderson et May 1982). Il serait donc d'une part particulièrement utile d'obtenir des données complémentaires sur le statut immunitaire de l'ensemble d'une population vaccinée à Madagascar, et d'autre part de disposer d'estimations réalistes du $\mathcal{R}_0$.

Biais d'échantillonnage
L'absence de contrôle sérologique avant vaccination, due à des contraintes techniques, ne permet pas de savoir si les animaux vaccinés présentaient déjà une immunité (liée à une infection ou une vaccination passée) contre le VMN même si les titres observés le laissent présager. Dans ces conditions, on ne peut conclure avec certitude que les titres sérologiques observés sont tous dus à la vaccination pratiquée lors de notre enquête et notre hypothèse est que la vaccination a eu un effet booster sur l'immunité humorale déjà mise en œuvre. D'autre part, le fort taux de perdus de vue (55/118), qui représente pratiquement la moitié de l'échantillon de départ, peut s'expliquer de plusieurs façons : i) la vente ou l'abattage des animaux pour la consommation, ii) la prédation (des chats sauvages rôdent souvent autour des volailles) ou iii) la mort due à une maladie comme par exemple la MN. Dans ce dernier cas, la présence d'un biais au sein des résultats est à considérer puisque les animaux mal vaccinés ou infectés juste avant ou trop précocement après la vaccination ont pu mourir et ne faisaient alors plus partie de l'échantillon final. Si ces animaux sont morts de MN, alors la proportion d'animaux mal vaccinés ou ayant fait l'objet d'un contact viral pourrait être sous-estimée dans l'échantillon. Toutefois, l'absence de titre > 10 000 au sein des animaux prélevés serait plutôt en faveur de l'absence d'un passage viral entre la vaccination et la visite de contrôle. En effet, dans ce cas, nous aurions dû observer des titres

très élevés (> 10 000) chez les oiseaux survivants. D'autre part, aucune mortalité particulière n'a été rapportée dans les villages enquêtés entre les deux visites.

Dans ces conditions, il serait donc intéressant de répéter cette opération sur un échantillon d'animaux faisant l'objet de prise de sang avant vaccination, afin de pouvoir déterminer leur statut sérologique et en limitant le nombre de perdus de vue. Ces animaux pourraient par exemple être enfermés dans un enclos, ou bagués, avec rémunération des propriétaires qui présenteraient ces animaux au contrôle suivant. Les résultats ainsi obtenus pourraient permettre de préciser les résultats trouvés dans cette enquête.

Limites de la vaccination

Les résultats obtenus montrent une bonne protection immunitaire des animaux qui ont pu être testés. En effet, le fait que les sérologies ne dépassent pas un titre de 10 000 indique que le taux d'anticorps obtenu n'est pas dû à une infection récente par le VMN. Les animaux vaccinés dans les conditions décrites sont donc correctement protégés contre l'expression de signes cliniques et la mortalité lors d'infection par le VMN. En revanche, il n'y a pas d'éléments qui prouvent que des souches sauvages, vélogènes notamment, ne puissent infecter les animaux vaccinés et être ensuite excrétées. C'est le cas des souches du génotype XI, circulant fréquemment à Madagascar (Maminiaina *et al.* 2010, de Almeida *et al.* 2013), qui, si elles ne provoquent pas de mortalité chez les animaux vaccinés, peuvent être excrétées, contaminer les (nombreux) animaux non vaccinés et conduire à un phénomène épidémique. A ceci s'ajoute la nécessité d'effectuer des rappels pour maintenir l'immunisation des animaux vaccinés. En effet, à Madagascar, la MN affecte les volailles en général deux fois par an, aux inter-saisons alors que la durée de protection conférée par les vaccins vivants dure au mieux 6 mois.

Dans tous les cas, même si l'on considère que tous les animaux vaccinés lors de cette enquête étaient bien protégés, seuls 63% des propriétaires des villages concernés ont participé à cette campagne de vaccination et peu de volailles (seulement 40% sur l'ensemble des 7 villages) ont été vaccinées. De plus, les animaux vaccinés sont généralement les plus âgés, alors que les jeunes (poussins de pondeuses et poulets), qui ont peu de chances d'avoir déjà été en contact avec l'agent pathogène, sont les plus sensibles. Il est donc peu probable que les campagnes de vaccination réalisées dans ces conditions permettent d'arrêter la transmission virale au sein des populations vaccinées.

La vaccination est considérée comme une précaution supplémentaire, en particulier dans les zones à haute densité de populations de volailles (Rauw *et al.* 2009), cependant, l'immunité ne s'installe pas immédiatement après la vaccination, une ou deux semaines sont nécessaires pour obtenir la réponse immunitaire complète (Alders et Spradbrow 2001a). Les volailles doivent être vaccinées au moins un mois avant l'apparition probable d'un foyer (octobre et mars pour le cas de Madagascar). La biosécurité et l'hygiène sont considérées comme les premières lignes de protection contre l'introduction de toute maladie aviaire et en particulier la MN (Bermudez 2003, Bermudez et Stewart 2003). Ainsi, les mouvements de personnes (éleveurs, vétérinaires, etc.) et de véhicules doivent être limités et accompagnés de désinfections et du changement de vêtements et de chaussures. Il convient également de prévenir le contact direct et indirect des volailles avec les oiseaux sauvages ou les pigeons. En tout état de cause, il faut assurer parallèlement à la vaccination, une sensibilisation répétitive des vaccinateurs sur la conservation du vaccin (et réfléchir à la souche utilisée, thermostable (I2 ou V4) ou pas en fonction des régions) et sur la reconstitution et l'administration vaccinale ; à savoir la nature de l'eau utilisée (absence d'ions ferriques ou de molécules inactivatrices) et l'assoiffemment des animaux et la répartition du vaccin.

Dans la suite de cette thèse, nous proposons le développement et l'analyse d'un modèle de transmission du virus de la MN dans une population de poulets bénéficiant de la vaccination contre cette maladie. Après discussion avec les acteurs des campagnes de vaccination (laboratoire de production de vaccin, services vétérinaires, réseaux socio-techniques villageois), nous proposons ci-dessous différents scénarios de contrôle de la MN par la vaccination basés sur cette enquête, qui seront évalués dans la discussion générale de cette thèse :

- Scénario 1 : absence de vaccination, ce qui correspond au cas le plus fréquent dans les élevages villageois de Madagascar.
- Scénario 2 : vaccination selon les pratiques observées dans cette enquête :
  - 2/3 des élevages effectivement vaccinés dans les villages concernés par la campagne de vaccination ;
  - 40% des animaux effectivement vaccinés dans ces élevages ;
  - 70% des animaux effectivement protégés suite à la vaccination.
- Scénario 3 : vaccination renforcée en s'appuyant sur les réseaux socio-techniques villageois (églises, agents communautaires de santé animale, organisations d'éleveurs et d'agriculteurs, associations sportives...), après campagne d'information dans les villages et formation des vaccinateurs, et mesures incitatives à la vaccination (par exemple : accès à des mesures de micro-crédit au bénéfice des éleveurs pour l'amélioration de l'élevage aviaire) :
  - 80% des élevages effectivement vaccinés dans les villages concernés par la campagne de vaccination ;
  - 80% des animaux effectivement vaccinés dans ces élevages ;
  - 90% des animaux effectivement protégés suite à la vaccination dans le meilleur des cas.

Conclusion

La maladie de Newcastle est probablement l'un des plus grand problème de production de l'aviculture rurale à Madagascar et de nombreux autres pays en développement. Beaucoup de familles vivent de l'élevage de leurs volailles et une mortalité élevée, à cause de la maladie ou d'autres facteurs, est particulièrement préjudiciable pour ces familles. Il est donc important d'acquérir plus de connaissances sur la possibilité ou pas de maintenir des campagnes de vaccination contre la MN dans les conditions des élevages villageois malgaches. Cette étude ne couvrait que le district de Vavatenina pour obtenir des informations sur les pratiques de vaccinations. Une étude plus poussée dans l'ensemble du pays et pendant une longue durée serait nécessaire pour donner une image plus précise sur les résultats des pratiques de vaccination actuelles en milieu villageois à Madagascar. Même si la MN est l'une des plus grandes contraintes de la production de volaille, il est essentiel d'inciter les agriculteurs non seulement à la vaccination mais aussi à la prévention des maladies par de meilleurs pratiques de biosécurité et d'hygiène.

3 Épidémiologie mathématique et modélisation de la maladie de Newcastle

"Art is a lie that makes us realize truth."

Pablo Picasso

Sommaire

Dans ce chapitre, nous exposons, sans évoquer les détails techniques, des notions concernant la modélisation mathématique en épidémiologie. Nous présentons des éléments clés, des modèles compartimentaux, très utilisés en épidémiologie, ainsi que plusieurs de méthodes de calcul du nombre de reproduction de base $\mathcal{R}_0$. Contrairement à d'autres maladies transmissibles, la maladie de Newcastle n'a pas été modélisée mathématiquement. Nous faisons alors recours à la modélisation d'autres maladie d'épidémiologie similaire, l'influenza aviaire et le choléra, en présentant quelques modèles et leurs limites. Le but est de fournir les bases qui nous permettront d'élaborer nos modèles.

3.1 Introduction

La modélisation consiste à simplifier la réalité. Il existe de nombreuses façons de le faire selon la question à laquelle on veut répondre. Il existe de nombreuses applications de la modélisation dans différents domaines dont l'épidémiologie (Anderson et May 1992, May 2001, Edelstein-Keshet 1988, Keeling et Rohani 2011, Diekmann et Heesterbeek 2000).

La modélisation mathématique en épidémiologie permet de comprendre les mécanismes qui expliquent la propagation d'un agent pathogène et de tester des stratégies de contrôle de ce dernier. L'utilisation de modèles mathématiques des épidémies fournit un cadre de référence pour la reconstitution des pandémies passées, pour permettre une meilleure compréhension des mécanismes de transmission, pour prédire les émergences dans le temps et dans l'espace.

Le premier modèle mathématique décrivant une maladie infectieuse remontent à 1760. Dans un mémoire de l'Académie des Sciences de Paris, Bernoulli (1760) présente un modèle de l'épidémie de variole, sévissant à l'époque. Il a fallu ensuite attendre le début du vingtième siècle et les travaux de Hamer (1906) et Ross (1911) sur la rougeole et le paludisme, respectivement. Le dernier siècle a vu l'émergence et le développement rapide d'une théorie substantielle de l'épidémiologie mathématique. Kermack et McKendrick (1927) ont établi le célèbre théorème de seuil, qui est l'un des principaux résultats de la modélisation épidémiologique. Il prévoit, en fonction du potentiel de transmission de l'infection, la fraction critique de sujets sensibles à la maladie dans une population qui doit être dépassée pour avoir l'émergence d'une épidémie. Cette théorie a été suivie par l'ouvrage de Bartlett (1960), qui a examiné les modèles et les données afin d'exposer les facteurs importants qui déterminent la persistance des agents pathogènes dans des populations. Le premier livre de référence sur la modélisation mathématique des systèmes épidémiologiques a été publié par Bailey (1975) et a conduit en partie à la reconnaissance de l'importance de la modélisation dans la prise de décision en santé publique (Anderson et May 1992).

3.2 Systèmes dynamiques

Dans les modèles épidémiologiques, on présente l'évolution du statut infectieux d'une population hôte vis-à-vis d'un pathogène au cours du temps. On cherche plus particulièrement à déterminer la dynamique des individus infectés en fonction du temps. La question de base est de savoir ce qui va se passer si un individu infecté est introduit dans une population totalement sensible. La maladie va-t-elle s'éteindre ou finira-t-elle par se propager à toute la population ? Le cadre mathématique adéquat pour cette problématique est la théorie des systèmes dynamiques (Anderson et May 1992, Keeling et Rohani 2011, Diekmann et Heesterbeek 2000).

Dans cette section nous présentons les concepts de base et la terminologie des systèmes dynamiques et des équations différentielles ordinaires

(EDO).

De manière générale, un système peut être défini comme un assemblage d'éléments agissants les uns sur les autres ou interdépendants suivant des règles. Les systèmes dynamiques décrivent l'évolution des systèmes (au sens large) dans le temps. Un système dynamique a un état pour chaque instant *(t)*, et l'état est la résultante des règles d'évolution du système, qui détermine les états futurs en fonction des états précédents ou de l'état initial (Strogatz 1994). En épidémiologie, notre système est l'ensemble hôte-pathogène. L'évolution temporelle de ce système est générée par plusieurs paramètres : dynamique de population des hôtes, pouvoir pathogène, contact entre individus, ...

Une fois que le système est défini, l'étude de son comportement dynamique s'impose, notamment l'étude des états d'équilibres du système et de leurs stabilités. Un système est dit en équilibre si les forces qui s'y appliquent se dissipent, et par conséquent l'état du système demeure sans changement. Prenons l'exemple du modèle SIR que nous présentons dans la section 3.3.1, où S représente le nombre des réceptifs (*susceptibles* en anglais), I représente le nombre des infectieux et R représente le nombre des immunisés (R, comme *recovered* en anglais), un état d'équilibre est caractérisé par le fait que le nombre d'individus dans chaque compartiment (S, I et R) reste constant au cours du temps malgré les entrées/sorties dans la population considérée (autrement dit les entrées/sorties se dissipent). Un système est dit stable si son état revient à un état d'équilibre après une perturbation. Un système est globalement stable si son état revient à un état d'équilibre quelle que soit l'amplitude de la perturbation, tandis qu'un système localement stable signifie que les déplacements doivent se produire dans un voisinage de l'équilibre pour que le système retrouve son état d'équilibre. La notion de la stabilité est illustrée dans la figure 3.1 au moyen d'une boule se reposant sur une surface convexe (position instable) et sur une surface concave (position stable). Reprenons encore l'exemple du modèle SIR. Le système est dit globalement stable si son état revient, après une certaine période, à l'état d'équilibre quelle que soit le nombre d'infectieux (ou le nombre de sensibles, ou le nombre d'immunisés) introduit (ou retiré) dans la population. Alors que la stabilité locale impose que ce nombre ne soit pas trop important pour pouvoir retrouver l'équilibre.

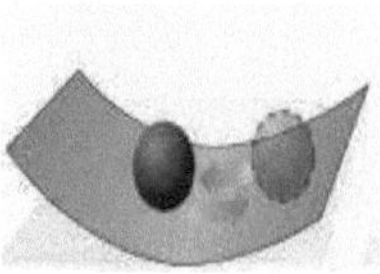

(a) équilibre stable

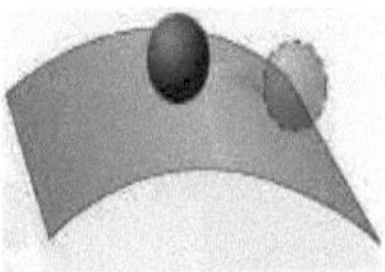

(b) équilibre instable

FIGURE 3.1 – *Notions d'équilibres stable et instable schématisés par le mouvement d'une boule*

Après avoir donné un bref aperçu sur les systèmes dynamiques en général, dans la section suivante nous détaillons en particulier les modèles compartimentaux qui jouent un rôle crucial en épidémiologie.

3.3 Modèles compartimentaux en épidémiologie

L'analyse compartimentale est une technique de modélisation très utilisée en biologie. On trouve des applications en pharmacocinétique, en métabolisme, épidémiologie et en dynamique des populations. Le compartiment est supposé homogène : cela signifie que si un individu rentre dans le compartiment, il est semblable à tous les individus se trouvant dans le compartiment. Les modèles en compartiments consistent à diviser la population hôte en autant de compartiments que d'états cliniques et à connecter ces compartiments entre eux par des flux d'individus, comme il peut y avoir des flux entrant/sortant des compartiments indépendamment des autres. (Anderson et May 1992, Diekmann et Heesterbeek 2000, Keeling et Rohani 2011).

Une fois la structure du modèle spécifiée, il faut l'écrire sous forme mathématique pour pouvoir travailler avec. On peut le faire de différentes façons notamment soit déterministe, soit stochastique. Nous ne détaillerons pas ici les techniques de modélisation stochastique. Dans un cadre déterministe, les équations différentielles constituent l'outil mathématique idéal pour décrire des modèles en compartiments.

3.3.1 Modèle de base SIR

Un des modèles compartimentaux le plus connu en épidémiologie est le modèle dit SIR. Ce modèle (figure 3.2) divise la population en trois catégories : les individus susceptibles d'être infectés donc réceptifs (S), les individus infectés et contagieux (I), et les individus ne pouvant plus transmettre la maladie (guérison, immunité,... R, comme "*recovered*" en anglais). On note $S(t), I(t)$ et $R(t)$ la fraction de la population faisant partie de chacune de ces trois catégories respectivement.

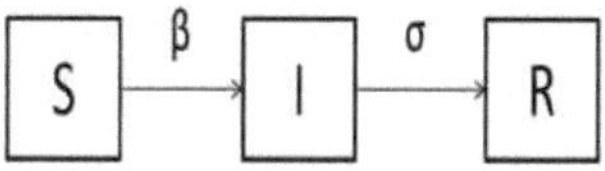

Figure 3.2 – *Modèle SIR de base*

Le modèle fondateur est celui de Kermack et McKendrick (1927), donné par

$$\begin{cases} \dfrac{dS}{dt} = -\beta IS \\ \dfrac{dI}{dt} = \beta IS - \sigma I \\ \dfrac{dR}{dt} = \sigma I \end{cases}$$

où l'infectiosité $\beta > 0$, et l'immunisation naturelle $\sigma > 0$, et les conditions initiales $S(0) = S_0 > 0$, $I(0) = I_0 > 0$ et $R(0) = R_0 > 0$.

La population totale est supposée constante, i.e. $S(t) + I(t) + R(t) = 1$, donc les deux premières équations suffisent pour décrire la dynamique du système.

Le modèle est basé sur les hypothèses suivantes :

- les contaminations sont modélisées par le terme mixte βIS,
- les individus infectieux quittent la classe infectieuse avec taux σ,
- il n'y a aucune entrée ou sortie de la population.

Ce modèle est utilisé pour décrire des maladies à propagation rapide vis à vis desquelles les malades développent une immunité. Dans ce modèle, les processus de naissance et de mort naturels sont négligés. Après un contact avec un individu infecté, l'individu sain devient infecté. La dynamique suppose également qu'une fraction σ des infectés s'immunise naturellement contre l'infection.

Il en découle d'autres modèles plus complexes, tous des mêmes principes de base mais introduisent des degrés de complexité variés. On peut citer par exemple :

- le modèle SIRS qui intègre une immunisation temporaire, autrement dit, les individus du compartiment R réintègrent après un délai le groupe des réceptifs S,
- le modèle SEIR introduit période de latence et donc un nouveau compartiment E avant la déclaration des signes cliniques.

On peut également introduire la dynamique vitale où on tient compte des naissances et des décès dans les différents compartiments.

Dans le modèle SIR, l'acquisition de l'infection est modélisée par $\lambda = \beta IS$, appelé "force d'infection". Il décrit comment l'infection se fait d'un individu infectieux à un individu sensible. Nous détaillons plus ce terme extrêmement important dans l'élaboration des modèles compartimentaux en épidémiologie dans la section suivante.

3.3.2 Force d'infection

Le processus de transmission est le paramètre clé de tous modèles épidémiologiques. Pour le décrire, les épidémiologistes considèrent généralement la force d'infection λ défini comme le taux d'acquisition d'infection. Plus précisément, $\lambda(t)\Delta t$ est la probabilité qu'un individu sensible donné devienne infecté pendant l'intervalle de temps Δt (Hethcote 2000). Ainsi la dynamique d'une épidémie est déterminée par la façon dont les nouveaux cas d'infections sont générés. Nous présentons dans cette section trois des fonctions d'incidence les plus utilisées : action de masse, fréquence dépendante et incidence saturée.

Transmission densité dépendante

L'incidence de type action de masse (ou transmission densité dépendante) est utilisée quand le taux de contact dépend de la population totale (c'est une fonction croissante de la population). En moyenne, pour un membre de la population considérée le nombre de contacts suffisants pour transmettre une infection, par unité de temps, est λN, où N représente la taille de la population totale et λ est le taux d'infection. Comme la probabilité qu'un contact d'un individu infectieux se fasse avec un individu réceptif à qui il peut transmettre l'infection est $\frac{S}{N}$, le nombre de nouvelles infections en unité de temps par infectieux est $(\lambda N)(\frac{S}{N})$, ce qui donne un taux de nouvelles infections $(\lambda N)(\frac{SI}{N}) = \lambda SI$. L'incidence action de masse suppose que la fréquence de la maladie est en proportion de la taille des compartiments I et S. Elle est utilisée lorsque la taille de la population N n'est pas trop grande, puisque le nombre de contacts d'un individu par unité de temps augmente proportionnellement avec la taille de la population N (Hethcote 2000, McCallum *et al.* 2001, Zhang et Ma 2003). Moghadas et Gumel (2003) ont utilisé l'incidence action de masse dans un modèle SEIR modifié pour des maladies d'enfants, qui intègre l'utilisation d'un vaccin. Le modèle peut être utilisé pour des maladies telles que la rougeole, la rubéole, la varicelle, la poliomyélite et l'hépatite B. L'incidence de l'action de masse a également été utilisée pour la modélisation de la transmission du virus de l'influenza, une maladie respiratoire causée par un virus à ARN de la famille des *Orthomyxoviridae* (Alexander *et al.* 2004).

Transmission fréquence dépendante

Dans le cas où le nombre de contacts par individu infectieux par unité de temps est constant, l'incidence est appelée "incidence standard" ou transmission fréquence dépendante. Cette incidence est généralement utilisée pour modéliser les maladies sexuellement transmissibles. Le taux de contact adéquat est une constante λ, et l'incidence correspondante est $\lambda\frac{S}{N}I$. Lorsque la taille totale de la population N est assez grande, puisque le nombre de contacts établis par un infectieux par unité de temps devrait croître moins rapidement que la taille totale de la population N, un taux de contact λ constant semble plus réaliste (Hethcote 2000, McCallum *et al.* 2001, Zhang et Ma 2003). L'incidence standard a été utilisé dans un modèle mathématique pour le virus de la fièvre Vallée du Rift (FVR) (Gaff *et al.* 2007). La FVR est due à un agent pathogène transmis par les moustiques. Il provoque une maladie fébrile chez les animaux domestiques et les humains. Cette fonction d'incidence a également été utilisé pour la modélisation de la transmission de la dengue, une maladie transmise à l'homme par des moustiques (Garba *et al.* 2008). Breban *et al.* (2006) l'ont aussi utilisée pour modéliser la transmission du VIH.

Transmission fréquence dépendante avec saturation

Généralement le nombre de contacts d'un individu réceptif par unité de temps n'est pas proportionnel au nombre d'individus infectieux. Le taux de contact peut être non linéaire. Comme le nombre d'infectieux augmente au cours de l'épidémie, le nombre de réceptifs diminue d'autant impliquant moins de contacts infectieux avec des réceptifs. Cela signifie qu'il existe un effet de saturation du taux de contact. L'introduction d'un terme d'interaction de la forme $g(I)S$, semble beaucoup plus réaliste, où le taux de contacts présenté par g tend vers un "seuil de saturation"

(Capasso et Serio 1978).

Pour modéliser la transmission indirecte par des particules virales stockées dans un réservoir environnemental B, une fonction de Michaelis-Menten pourrait être employée (Zhou *et al.* 2012). Dans ce cas, la transmission environnementale de virus ne serait pas linéaire mais saturée, c'est-à-dire de la forme $B/(M+B)$, où M est la quantité de particules virales dans l'environnement présentant un risque de 50% de produire une infection. Cette fonction suppose que la transmission ne se fait pas toujours à la même vitesse. Au début, quand il y a beaucoup d'individus sensibles la transmission se fait rapidement pendant un délai (appelé état pré-stationnaire). Ensuite la transmission demeure constante. Ainsi, au delà de cette quantité de particules virales, la probabilité de contamination est identique.

McCallum *et al.* (2001) ont exploré d'autres formes de processus de transmission, y compris non-linéaires, et ont étudié leur influence sur les dynamiques épidémiologiques. Les éléments suivants doivent être pris en considération pour déterminer le type d'incidence à utiliser dans un processus de modélisation :

- la difficulté mathématique : les systèmes avec une fonction d'incidence de type "action de masse" sont généralement faciles à analyser en raison de la linéarité de la fonction. Les deux autres conduisent à des calculs plus complexes, la fonction avec saturation étant la plus difficile.
- les hypothèses du modèle : si on suppose que les individus ont la même chance d'être infectés, on utilise la loi d'action de masse.
- le mode de transmission : pour des maladies transmises par aérosol on utilise une fonction d'incidence de type "action de masse" et pour des maladies sexuellement transmissibles, on utilise une fonction d'incidence de type standard ou saturée.
- le plus proche de la réalité : une fonction d'incidence saturée est plus réaliste que les deux autres.

Dans cette partie nous avons décrit l'essentiel sur les modèles compartimentaux en épidémiologie et nous avons expliqué les différents choix possibles de la fonction d'incidence qui nous permettra d'élaborer des modèles de transmission d'agents pathogènes dans des populations d'hôtes. La suite logique du travail après l'élaboration du modèle est la détermination du nombre de reproduction de base $\mathcal{R}_0$. Dans la partie suivante nous présentons une gamme de méthodes qui permettent de le déterminer.

3.4 Nombre de reproduction de base $\mathcal{R}_0$

Une des questions fondamentales de l'épidémiologie mathématique est de trouver un seuil qui détermine si un pathogène peut se propager dans une population réceptive quand il est introduit dans cette population. Cette condition de seuil est caractérisée par le nombre de reproduction de base $\mathcal{R}_0$ (Hyman et Li 2000). Le concept du $\mathcal{R}_0$, introduit par Ross (1911), est défini tel que si $\mathcal{R}_0 < 1$, l'épidémie finit par s'éteindre, et si $\mathcal{R}_0 > 1$, le pathogène se propage dans la population (Hyman et Li 2000). $\mathcal{R}_0$ est aussi le nombre d'infections secondaires suite à l'introduction d'un individu infecté dans une population hôte entièrement constituée d'individus réceptifs (Bailey 1975).

Il existe différentes méthodes pour calculer $\mathcal{R}_0$ à partir d'un modèle déterministe : la méthode de la fonction de survie (Heesterbeek et Dietz 1996), la méthode de la prochaine génération (Next Generation Matrix) (Diekmann et Heesterbeek 2000), l'existence d'un équilibre endémique (Blower *et al.* 1998) ...Il est aussi possible d'estimer la valeur du $\mathcal{R}_0$ à partir des données d'incidence de la maladie (Roberts et Heesterbeek 2007, Chowell *et al.* 2007, Anderson et May 1992).

Il est également possible de déterminer expérimentalement la valeur de $\mathcal{R}_0$ en infectant un individu par un agent pathogène et en le mettant en contact avec d'autres individus réceptifs. A chaque nouvelle infection, on écarte le nouveau cas infecté, et on compte à la fin de la période de contact le nombre de cas secondaires d'infection (van Boven *et al.* 2008). Cependant ces expériences exigent beaucoup de temps et elles sont chères et difficiles à réaliser, en plus des contraintes éthiques.

Dans cette section, nous présentons plusieurs méthodes de détermination du $\mathcal{R}_0$. Cela consiste à présenter à chaque fois la méthode illustrée d'un d'exemple d'utilisation. Les sous-sections sont indépendantes.

3.4.1 Calcul de $\mathcal{R}_0$ à partir d'un modèle déterministe

Le calcul de $\mathcal{R}_0$ à partir d'un modèle déterministe non-spatial est relativement simple. La méthode de la fonction de survie permet de déterminer $\mathcal{R}_0$ à partir de sa définition Elle est applicable même lorsque les probabilités de transmission sont non constantes entre les compartiments. Pour les modèles qui incluent plusieurs catégories d'individus infectés, La "Next Generation Matrix" est le prolongement naturel de cette approche.

The Next Generation Matrix

La "Next Generation Matrix" (NGM) est probablement la méthode la plus utilisée pour calculer le $\mathcal{R}_0$. Tout d'abord commençons par expliquer la notion de génération en épidémiologie. Les générations dans les modèles épidémiques sont les vagues des infections secondaires qui résultent de chaque infection précédente. Ainsi, la première génération d'une épidémie correspond aux infections secondaires causées par l'introduction d'un individu infectieux dans une population sensible qui est la génération zéro. Si $\mathcal{R}_i$ dénote le nombre de reproduction de la i^{eme} génération, alors le $\mathcal{R}_0$ est simplement le nombre d'infections secondaires produites par le premier cas, i.e. la génération zéro. La figure 3.3 présente le schéma d'une épidémie. Le cas index, indiqué en rouge, produit 3 infections secondaires. Le nombre d'infections secondaires produites par ce cas dans la génération zéro est $\mathcal{R}_0 = 3$. Dans la première génération (bleue), $\mathcal{R}_1 = 6/3 = 2\ldots$

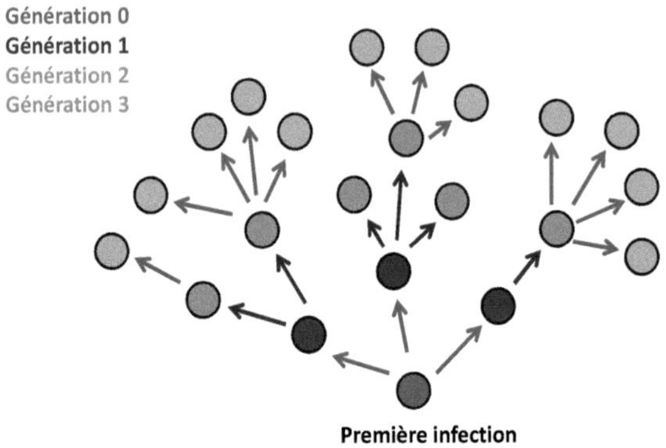

FIGURE 3.3 – *Description des générations dans une épidémie*

De façon intuitive, la première étape consiste à identifier les différents types de compartiments infectieux, c'est-à-dire, les compartiments où les individus peuvent transmettre l'infection. Pour un système de m compartiments infectieux, la NGM est une matrice $m \times m$, où chaque élément k_{ij} représente le nombre prévu de nouveaux cas dans le compartiment i causés par un individu infectieux du compartiment j. Pour simplifier prenons le cas $m = 2$. Dans ce cas, on a deux compartiments infectieux (compartiments 1 et 2). Cela correspond par exemple à un modèle type "*susceptible-latent-infectieux-immun*" (SEIR) où les compartiments infectieux sont E et I. La NGM s'écrit alors sous la forme :

$$\begin{bmatrix} k_{11} & k_{12} \\ k_{21} & k_{22} \end{bmatrix}$$

où,

- k_{11} représente le nombre de nouveaux cas dans le compartiment 1 causé par un individu infectieux du compartiment 1
- k_{12} représente le nombre de nouveaux cas dans le compartiment 1 causé par un individu infectieux du compartiment 2
- k_{21} représente le nombre de nouveaux cas dans le compartiment 2 causé par un individu infectieux du compartiment 1
- k_{22} représente le nombre de nouveaux cas dans le compartiment 2 causé par un individu infectieux du compartiment 2

Le nombre de reproduction de base $\mathcal{R}_0$ est alors la valeur propre dominante de la NGM. Pour une matrice 2×2, l'expression de $\mathcal{R}_0$ est donnée par :

$$\mathcal{R}_0 = \frac{1}{2}\left[(k_{11} + k_{22}) + \sqrt{4k_{12}k_{21} + (k_{11} - k_{22})^2}\right]$$

L'approche de la NGM consiste à placer les termes appropriés des équations qui décrivent la dynamique des compartiments infectés dans des vecteurs $\mathcal{F}$ et $\mathcal{V}$. Dans le vecteur $\mathcal{F}$ on place les termes qui correspondent à l'apparition de nouvelles infections et dans le vecteur $\mathcal{V}$ on place les termes qui correspondent aux transitions entre les différents statuts infectieux considérés. En évaluant les matrices jacobiennes, obtenues en différenciant $\mathcal{F}$ et $\mathcal{V}$, à l'équilibre sans maladie non trivial, on obtient les matrices F et V, respectivement. La NGM est définie comme FV^{-1}. L'entrée $(i;j)$ de FV^{-1} est le nombre moyen de nouvelles infections dans le compartiment i produites par un individu infecté introduit dans le compartiment j. Finalement, $\mathcal{R}_0 = \rho(FV^{-1})$, où $\rho(.)$ est le rayon spectral (la valeur propre dominante) de la matrice NGM (van den Driessche et Watmough 2002).

Pour résumer, le nombre de reproduction de base $\mathcal{R}_0$ peut être déterminé en utilisant la NGM en suivant l'algorithme suivant :

1. Repérer les compartiments infectés
2. Identifier les termes qui correspondent à l'apparition de nouvelles infections et les placer dans le vecteur $\mathcal{F}$, et identifier les termes qui correspondent au transfert des infections existantes et les placer dans le vecteur $\mathcal{V}$
3. Calculer l'équilibre sans maladie (DFE)
4. Calculer la matrices jacobienne F (respectivement V) de $\mathcal{F}$ (respectivement $\mathcal{V}$) à l'équilibre sans maladie
5. Inverser la matrice V pour obtenir V^{-1}
6. Calculer la matrice FV^{-1}
7. $\mathcal{R}_0$ est la valeur propre dominante de la matrice NGM FV^{-1}

Pour illustrer tout cela nous reprenons le modèle SIR (cf. section 3.3.1). Rappelons le système d'équations différentielles ordinaires :

$$\begin{cases} \dfrac{dS}{dt} = -\beta IS \\ \dfrac{dI}{dt} = \beta IS - \sigma I \\ \dfrac{dR}{dt} = \sigma I \end{cases}$$

1. Pour ce modèle, il y a un seul compartiment infecté (I)
2. Le terme qui correspond à l'apparition de nouvelles infections est $\mathcal{F} = \beta IS$, et le terme qui correspond au transfert des infections existantes est $\mathcal{V} = \sigma I$
3. L'équilibre sans maladie en termes de proportions de la population totale est $(S_0, I_0, R_0) = (1, 0, 0)$
4. $F = \beta$ et $V = \sigma$
5. $V^{-1} = \frac{1}{\sigma}$
6. $FV^{-1} = \frac{\beta}{\sigma}$
7. $\mathcal{R}_0 = \frac{\beta}{\sigma}$

Fonction de survie

La méthode de la fonction de survie correspond à l'application directe de la définition de $\mathcal{R}_0$ qui est le nombre d'infections secondaires suite à l'introduction d'un individu infecté dans une population hôte entièrement constituée d'individus réceptifs. L'approche est décrite en détail par Heesterbeek et Dietz (1996), qui donnent également un aperçu historique intéressant. Considérons une population réceptive et $F(a)$ la probabilité de survie du statut infectieux, c'est-à-dire la probabilité qu'un individu infecté demeure infectieux pendant une durée a. Notons aussi $b(a)$ le nombre moyen d'individus infectés par un individu infectieux pendant la durée a. $\mathcal{R}_0$ est alors donné par :

$$\mathcal{R}_0 = \int_0^\infty b(a)F(a)\,\mathrm{d}a \tag{3.1}$$

Puisque cette expression donne le $\mathcal{R}_0$ par définition, elle peut être appliquée pour tout modèle si on dispose de la probabilité de survie du statut infectieux, $F(a)$, et l'infectiosité en fonction du temps, $b(a)$.

Comme exemple de cette technique, nous citons la modélisation du paludisme. Un humain infecté peut transmettre l'infection à un moustique, qui peut à son tour infecter d'autres êtres humains. Ce cycle complet doit être pris en compte dans le calcul de $\mathcal{R}_0$. Si deux états infectieux distincts sont impliqués dans un même cycle d'infection (ici humain infectieux et moustique infectieux), $F(a)$ peut être défini comme la probabilité qu'un individu à l'état infectieux 1 au temps zéro produise un individu dans l'état infectieux 2 pendant la période a. De même, $b(a)$ est le nombre moyen de nouveaux individus dans l'état 1 produits par un individus qui a été dans l'état 2 pendant la période a. En ce qui concerne le paludisme, $F(a)$ est la probabilité qu'un humain infecté au temps zéro produit un moustique infecté qui reste en vie pendant au moins un temps a. Concrètement, $F(a)$ est donnée par la formule suivante :

$$\begin{aligned} F(a) = \int_0^a & \text{prob(humain infecté au temps } 0 \text{ et qui reste en vie au temps } t) \\ & \times \text{prob(humain infecté au temps } t \text{ et infecte un moustique)} \\ & \times \text{prob(moustique infecté qui vit jusqu'à l'âge } a - t)\,\mathrm{d}t \end{aligned} \tag{3.2}$$

$b(a)$ est le nombre moyen d'humains infectés par un moustique resté infectieux pendant le temps a.

Avec deux états infectieux le calcul de l'équation (3.2) est compliqué, il devient de plus en plus compliqué si on est face à trois états infectieux ou plus (Hethcote et Tudor 1980, Lloyd 2001b, Huang *et al.* 2003). Dans ces cas, la NGM est une meilleure solution.

3.4.2 Détermination de $\mathcal{R}_0$ à partir de critères de seuil

La caractéristique la plus importante de $\mathcal{R}_0$ est qu'il reflète la stabilité de l'équilibre sans maladie. Lorsque $\mathcal{R}_0 < 1$, cet équilibre est stable et l'épidémie s'arrête.

D'autres quantités peuvent jouer le rôle de "seuil" en substitution à $\mathcal{R}_0$. Par exemple, $\mathcal{R}_0^n, n > 0$ donne un seuil équivalent, mais ne donne pas forcément le nombre d'infections secondaires produites par un individu infecté.

Les méthodes décrites dans cette section s'appliquent à des modèles déterministes. Pour certains, ces méthodes donnent la vraie valeur de $\mathcal{R}_0$, mais ce n'est pas le cas en général. Si on cherche à savoir si un agent pathogène va persister ou pas, un critère de seuil est suffisant, cependant, ces méthodes ne peuvent pas être utilisés pour comparer les risques associés aux différents agents pathogènes. Nous présentons trois de ces critères de seuil ci-dessous.

Matrice jacobienne et conditions de stabilité

Un point d'équilibre sans maladie appelé DFE (Disease-Free Equilibrium) est un point d'équilibre où il n'y a pas de maladie dans la population. Un seuil peut être trouvé en étudiant le signe des valeurs propres de la matrice jacobienne du système d'équations différentielles ordinaires à l'équilibre sans maladie. Étant une généralisation de la dérivée pour les fonctions de plusieurs variables, la matrice jacobienne est donc la matrice de la différentielle du système d'EDO en un point donné. Il s'agit d'une méthode simple et largement utilisée pour les systèmes d'EDO (pour un aperçu voir Diekmann et Heesterbeek (2000)). En examinant la condition que les valeurs propres de la matrice jacobienne (qui sont en général des nombres complexes composées d'une partie réelle et d'une partie imaginaire) doivent avoir leurs parties réelles négatives pour conclure à la stabilité de l'équilibre sans maladie, une relation entre les paramètres du modèle apparaît et conduit pour déterminer ce seuil. Cela peut être réalisé en utilisant le polynôme caractéristique et les conditions de stabilité de Routh-Hurwitz (annexe A.2). La méthode de la matrice jacobienne permet d'avoir une expression qui reflète la stabilité de l'équilibre sans maladie.

Comme exemple, reprenons encore le modèle SIR (cf. section 3.3.1) auquel on rajoute la mortalité naturelle avec un taux μ et les naissances dans la population des réceptifs (S) avec un taux constant Π. Le système d'équations différentielles ordinaires est alors donné par :

$$\begin{cases} \dfrac{dS}{dt} = \Pi - \beta IS - \mu S \\ \dfrac{dI}{dt} = \beta IS - \sigma I - \mu I \\ \dfrac{dR}{dt} = \sigma I - \mu R \end{cases}$$

La matrice jacobienne, noté J, du système d'EDO précédant est donnée par :

$$J = \begin{pmatrix} -\beta I - \mu & -\beta S & 0 \\ \beta I & \beta S - \sigma - \mu & 0 \\ 0 & \sigma & -\mu \end{pmatrix}$$

L'équilibre sans maladie est $DEF = (S_0, I_0, R_0) = (\frac{\Pi}{\mu}, 0, 0)$, alors la matrice jacobienne du système d'EDO à l'équilibre sans maladie est donnée par :

$$J_{DFE} = \begin{pmatrix} -\mu & -\beta\frac{\Pi}{\mu} & 0 \\ 0 & \beta\frac{\Pi}{\mu} - \sigma - \mu & 0 \\ 0 & \sigma & -\mu \end{pmatrix}$$

Pour étudier le signe des valeurs propres de la matrice J_{DFE}, on écrit son polynôme caractéristique :

$$p(X) = det(J_{DFE} - X.Id_3) = (\mu + X)^2(\beta\frac{\Pi}{\mu} - \sigma - \mu - X),$$

où det est le déterminant de la matrice $J_{DFE} - X.Id_3$ et Id_3 est la matrice identité d'ordre 3, $Id_3 = \begin{pmatrix} 1 & 0 & 0 \\ 0 & 1 & 0 \\ 0 & 0 & 1 \end{pmatrix}$.

Rappelons que par définition, pour une matrice M de taille $n \times n$, le polynôme caractéristique est $p(X) = det(M - X.Id_n)$, où Id_n est la matrice identité d'ordre n.

Les racines du polynôme caractéristique p sont les valeurs propres de la matrice J_{DFE}. Dans ce cas simple, on peut déterminer explicitement ces racines : $-\mu$ et $\beta\frac{\Pi}{\mu} - \sigma - \mu$. Il ne reste plus qu'à trouver une condition pour que ces 2 valeurs propres soient négatives. La première valeur propre $-\mu$ est bien négative, tandis que la deuxième $\beta\frac{\Pi}{\mu} - \sigma - \mu$ est négative si et seulement si $\beta\frac{\Pi}{\mu} < \sigma + \mu$ ou encore $\frac{\beta\Pi}{\mu(\sigma+\mu)} < 1$. Cette condition garantit la stabilité de l'équilibre sans maladie et on a $\mathcal{R}_0 = \frac{\beta\Pi}{\mu(\sigma+\mu)}$.

L'expression, cependant, peut ne pas refléter la signification biologique de $\mathcal{R}_0$. Un exemple où cette méthode ne donne pas le $\mathcal{R}_0$ est décrit en détail dans Diekmann et Heesterbeek (2000), exercice 5.43, page 96-97. Malgré cette réserve, la technique reste utilisée (Porco et Blower 1998, Murphy *et al.* 2002, Kawaguchi *et al.* 2004, Laxminarayan 2004, Moghadas 2004). Roberts et Heesterbeek (2003) suggèrent que, si ce seuil n'a pas la même interprétation biologique de la valeur propre dominante de la NGM, il ne doit pas être appelé le nombre de reproduction de base, ni notée $\mathcal{R}_0$.

Existence de l'équilibre endémique

Un point d'équilibre endémique appelé EE (Endemic Equilibrium) est une solution d'équilibre où la maladie persiste dans la population. Nous pouvons souvent tirer une condition sur les valeurs de paramètres du système d'EDO de sorte que lorsque cette condition est vraie (et donc $\mathcal{R}_0 > 1$) l'équilibre endémique existe, alors que lorsque la condition est fausse ($\mathcal{R}_0 < 1$) l'équilibre sans maladie existe.

Reprenons l'exemple de la section précédente donné par le système d'équations différentielles ordinaires :

$$\begin{cases} \frac{dS}{dt} = \Pi - \beta IS - \mu S \\ \frac{dI}{dt} = \beta IS - \sigma I - \mu I \\ \frac{dR}{dt} = \sigma I - \mu R \end{cases}$$

Déterminer l'équilibre endémique revient à résoudre, en S^*, I^* et R^* le système d'équations algébriques suivant :

$$(*) \begin{cases} 0 = \Pi - \beta I^* S^* - \mu S^* \\ 0 = \beta I^* S^* - \sigma I^* - \mu I^* \\ 0 = \sigma I^* - \mu R^* \end{cases}$$

avec la condition $I^* > 0$, car par définition à l'équilibre endémique le nombre d'individus dans le compartiment I doit être non nul. Le système $(*)$ est équivalent à :

$$\begin{cases} 0 = \beta I^* S^* - \sigma I^* - \mu I^* \\ S^* = \frac{\Pi}{\mu} - \frac{\sigma + \mu}{\mu} I^* \\ R^* = \frac{\sigma}{\mu} I^* \end{cases}$$

En remplaçant l'expression de S^* dans la première équation on trouve :

$$I^* = \frac{\Pi}{\sigma + \mu} - \frac{\mu}{\beta}$$

Ensuite $I^* > 0$ si et seulement si $\frac{\Pi}{\sigma+\mu} - \frac{\mu}{\beta} > 0$ ou encore si et seulement si $\frac{\beta\Pi}{\mu(\sigma+\mu)} > 1$. Cette condition garantit l'existence de l'équilibre endémique et on a $\mathcal{R}_0 = \frac{\beta\Pi}{\mu(\sigma+\mu)}$.

Blower *et al.* (1998) ont développé un modèle mathématique pour étudier l'herpès génital, une maladie infectieuse sexuellement transmissible causée par le virus Herpes simplex (HSV) de type 1 ou 2. Les auteurs ont utilisé cette méthode basée sur l'existence de l'équilibre endémique pour déterminer le $\mathcal{R}_0$. En ignorant la résistance aux médicaments, nous présentons un modèle simplifié décrit par les équations différentielles :

$$\begin{aligned} \frac{dX}{dt} &= \pi - Xc\beta_s \frac{H_s}{N} - X\mu \\ \frac{dQ_s}{dt} &= H_s(\sigma + q) - Q_s(\mu + r) \\ \frac{dH_s}{dt} &= Xc\beta_s \frac{H_s}{N} - H_s(\mu + \sigma + q) + rQ_s \end{aligned}$$

où X est la population sensible, Q_s représente les individus latents non-infectieux, H_s représente les individus infectées et infectieux et $N = X + Q_s + H_s$. A l'équilibre,

$$\begin{aligned} N &= \frac{\pi}{\mu} \\ X &= \frac{\pi}{\mu} - \frac{\mu+\sigma+q+r}{\mu+r} H_s \\ Q_s &= \frac{\sigma+q}{\mu+r} H_s \end{aligned}$$

Alors,

$$H_s = \frac{\pi}{\mu}\left[\frac{\mu+r}{\mu+\sigma+q+r} - \frac{\mu}{c\beta_s}\right]$$

L'équilibre endémique existe si et seulement si $H_s > 0$, ou encore si et seulement si

$$\mathcal{R}_0 = c\beta_s(\frac{\mu+r}{\mu(\mu+\sigma+q+r)}) > 1$$

Ainsi le $\mathcal{R}_0$ est déterminé.

3.4.3 Estimation de $\mathcal{R}_0$ à partir de données empiriques

Dans les sections précédentes nous avons présenté la formulation de $\mathcal{R}_0$ en fonction des paramètres de modèles déterministes. Afin d'estimer la valeur de $\mathcal{R}_0$ à partir des données d'incidence, nous avons besoin des valeurs numériques d'un certain nombre de paramètres. En général, les taux de mortalité et les taux de guérison sont faciles à estimer, en revanche, les taux de contact ou les taux de transmission sont difficiles à déterminer à partir de mesures directes. Pour cette raison, $\mathcal{R}_0$ est rarement estimé à partir de formules des équations différentielles. Nous présentons un certain nombre d'approches alternatives pour estimer $\mathcal{R}_0$ à partir de données empiriques. Ces approches imposent généralement des hypothèses simplificatrices pour réduire le nombre de paramètres inconnus (Mollison 1995, Diekmann et Heesterbeek 2000, Hethcote 2000).

Nombre d'individus sensibles à l'équilibre endémique

Cette méthode suppose que l'équilibre endémique soit atteint et utilise la prévalence de l'infection à cet équilibre pour estimer $\mathcal{R}_0$. Selon Mollison (1995), en considérant un seul individu infecté, le nombre de contacts infectieux pour cet individu est donné par $\mathcal{R}_0\pi_s$, où π_s est la probabilité qu'un contact se fasse avec un individu réceptif. A l'équilibre, le nombre moyen de nouvelles infections par un individu infecté est exactement un, ce qui nous permet d'écrire $\mathcal{R}_0 = 1/\pi_s$. La probabilité π_s est alors la fraction des individus sensibles lorsque l'équilibre endémique est atteint. Cela donne une estimation simple du taux de reproduction de base (Anderson et May 1992).

Mariner *et al.* (2005) ont utilisé cette méthode pour estimer le $\mathcal{R}_0$ de la peste bovine à partir des données sérologiques au Soudan et en Somalie. Un point intéressant ici est que $\mathcal{R}_0$ reflète non seulement le comportement du système à l'équilibre sans maladie (qui se manifeste par définition), mais aussi des caractéristiques de l'équilibre endémique. Comme pour les méthodes de calculs basées sur les équations différentielles, on suppose que la population hôte est homogène, c'est-à-dire que tous les individus ont des propriétés épidémiologiques similaires, indépendamment de l'âge, du sexe, de l'espèce... On suppose aussi que la transmission se fait suivant une incidence de type action de masse puisque le nombre de contacts infectieux est indépendant du nombre d'individus infectieux.

Mathématiquement, cette méthode semble irréaliste. En effet, si $\mathcal{R}_0 < 1$ signifie que la fraction des individus sensibles est supérieur à un (puisque $\mathcal{R}_0 = 1/\pi_s$). Ce qui est absurde mathématiquement (une fraction est entre 0 et 1). Donc le fait d'utiliser cette méthode repose sur l'hypothèse qu'on est bien à l'équilibre endémique, ce qui pratiquement difficile à réaliser.

Age moyen d'infection

Cette approche est également basée sur l'équilibre endémique. $\mathcal{R}_0$ est estimé comme L/A, où L est la durée de vie moyenne et A est l'âge moyen auquel l'infection est acquise (Mollison 1995, Hethcote 2000, Anderson et May 1992, Brauer et Castillo-Chávez 2001). En bref, on suppose (i) que tous les individus naissent réceptifs, (ii) qu'après l'acquisition de la maladie, ils ne redeviennent plus réceptifs, (iii) que la population est à l'équilibre endémique ($\mathcal{R}_0 > 1$) et (iv) que la population est homogène. Ces hypothèses sont difficiles à réaliser en réalité. Cependant l'utilité de cette approche est basée sur le fait que les paramètres L et A sont facilement déterminés chez l'homme. Cette méthode a aussi été utilisée pour estimer $\mathcal{R}_0$ pour des agents pathogènes canins (Laurenson *et al.* 1998).

Taille finale de la population

Cette méthode est applicable pour des populations fermées seulement, lorsque l'infection conduit soit à l'immunité soit à la mort. Dans cette situation, le nombre d'individus sensibles diminue au cours du temps et la fraction finale des sensibles, $s(\infty)$, peut être utilisée pour estimer $\mathcal{R}_0$:

$$\mathcal{R}_0 = \frac{\ln s(\infty)}{s(\infty) - 1}$$

Cette expression a été présenté par Kermack et McKendrick (1927), lorsque le contact est proportionnel à la densité de la population (Hethcote 2000, Diekmann et Heesterbeek 2000, Brauer et Castillo-Chávez 2001).

Taux intrinsèque d'accroissement

Enfin, $\mathcal{R}_0$ peut être déterminé à partir du taux intrinsèque d'accroissement de la population infectée. Ce taux, noté r_0, est la vitesse à laquelle le nombre total d'infectieux, I, augmente dans une population sensible, tel que $\frac{dI}{dt} = r_0 I$. A partir des données d'incidence, r_0 peut être déterminé à partir du taux de croissance de la classe des infectés, et $\mathcal{R}_0$ peut ensuite être estimé à partir r_0. Cependant les fluctuations stochastiques dans les premiers stades de l'épidémie peuvent biaiser la détermination de r_0 (Heffernan et Wahl 2005). Enfin, même lorsque r_0 est déterminé avec une certaine confiance, la relation entre r_0 et $\mathcal{R}_0$ dépend fortement du modèle.

Comme exemple, Nowak *et al.* (1997) ont étudié la dynamique du virus d'immunodéficience simienne (VIS) et Lloyd (2001a) ont développé un modèle pour étudier la dynamique du virus de l'immunodéficience humaine (VIH) et des virus de l'hépatite B et C. Ils ont établi la relation entre r_0 et $\mathcal{R}_0$:

$$\mathcal{R}_0 = 1 + \frac{r_0(r_0 + a + u)}{au},$$

où a est le taux de mortalité des cellules infectées et $\frac{1}{u}$ est la durée de vie moyenne d'un virion libre. Si $r_0 + a << u$ on peut faire l'approximation suivante :

$$\mathcal{R}_0 = 1 + \frac{r_0}{a}$$

Notons que $\frac{1}{a}$ est la durée de vie d'une cellule infectée. Cette méthode s'avère utile car r_0 peut être facilement estimé à partir des données de la charge virale ou des données sur l'incidence. Un certain nombre d'études récentes ont utilisé cette approche (Pybus *et al.* 2001, Lipsitch *et al.* 2003).

Dans cette première partie de ce chapitre nous avons présenté brièvement les outils nécessaires à la modélisation des maladies infectieuses en générale. Désormais, nous nous intéressons en particulier à la maladie de Newcastle.

3.5 État de l'art sur la modélisation de la maladie de Newcastle

Les modèles de transmission du virus de la maladie de Newcastle (VMN) sont rares, et encore plus les modèles compartimentaux. Cependant, l'épidémiologie du VMN est similaire à celle d'autres agents pathogènes qui peuvent persister dans l'environnement après leur excrétion. Ainsi, le choléra se transmet habituellement par la consommation d'eau contaminée par des matières fécales infectées, ce qui est semblable à la transmission environnementale du VMN. Le virus de l'influenza aviaire se transmet essentiellement par contamination directe (sécrétions respiratoires, matières fécales, organes des animaux infectés) ou indirecte (exposition à des matières contaminées : nourriture, eau, matériel ou vêtements contaminés) ce qui correspond au mode de transmission du VMN.

3.5.1 Quelques modèles développés sur la maladie de Newcastle

A notre connaissance le seul modèle de transmission du VMN a été conçu par Johnston (1992). Le schéma de transition est présenté sur la figure 3.4. Il s'agit d'un modèle markovien pour évaluer l'impact de la MN et de la vaccination contre la MN chez des volailles de village aux Philippines et en Thaïlande. Le modèle consistait à diviser la population de poulets en quatre compartiments : (S) réceptifs, (E) exposés ou infectieux latents, (I) infectieux et (R) immunisés. En outre, chaque compartiment a été divisé en trois classes d'âge (poussins, poulettes et adultes) et selon le sexe (femelles et mâles). Le modèle a été utilisé pour simuler l'effet de scénarios de vaccination sur la productivité animale. Cependant les auteurs n'ont pas effectué d'étude mathématique de ce modèle complexe. Selon les résultats des simulations, un intervalle de trois mois entre les compagnes de vaccinations ne saurait probablement pas réduire suffisamment la vulnérabilité des populations d'oiseaux pour éviter l'apparition de foyers parfois sévères. L'inconvénient (sans étude mathématique du comportement du modèle) est que les auteurs utilisent une modélisation dite "boite noire", rendant difficile l'interprétation épidémiologique des résultats. En effet, le modèle conceptuel est trop complexe. De plus les auteurs ne donnent pas beaucoup de détails sur la méthode de modélisation et d'estimation des paramètres. Pourtant, nous nous référons par la suite à ce travail pour avoir une idée de certains paramètres, de transmission directe de la maladie surtout.

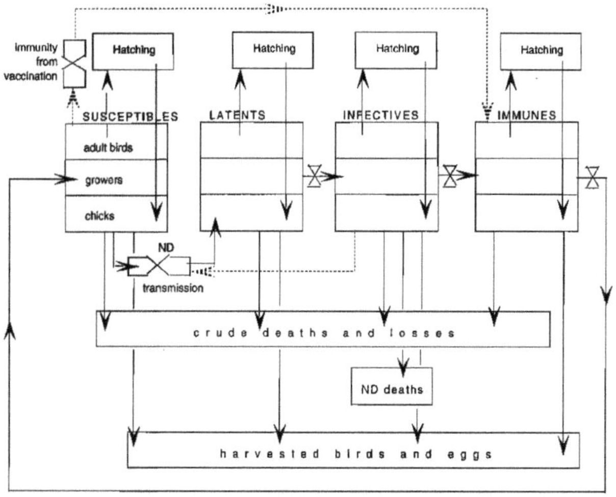

FIGURE 3.4 – *Modèle maladie de Newcastle chez les poulets villageois (Johnston 1992)*

3.5.2 Modèles épidémiologiques avec transmission environnementale

De nombreux agents pathogènes persistent dans l'eau et le sol (Pepper *et al.* 2004). Plusieurs virus et bactéries se transmettent via l'environnement, comme par exemple le choléra (King *et al.* 2008, Pascual *et al.* 2002), le choléra aviaire (Blanchong *et al.* 2006), les salmonelles (Xiao *et al.* 2007), l'influenza aviaire (Webb *et al.* 2006).

La transmission environnementale du choléra humain a fait l'objet de plusieurs articles (Codeço 2001, Codeço *et al.* 2008, Jensen *et al.* 2006, Pascual *et al.* 2002, King *et al.* 2008). La transmission indirecte par l'environnement a été couplée avec la transmission directe d'individu infecté à individu indemne, pour modéliser la transmission de la grippe aviaire chez les oiseaux sauvages aquatiques (Breban *et al.* 2009; 2010, Roche *et al.* 2009, Rohani *et al.* 2009).

Un modèle compartimental type SI avec un réservoir du virus de choléra humain a été formulé par Codeço (2001). Le modèle (figure 3.5) suppose que tous les individus de la population H sont nés réceptifs. Les personnes réceptives (S) peuvent être infectées quand elles sont exposées à l'eau contaminée. Elles se rétablissent avec un taux r. Les personnes infectées excrètent le virus avec une charge virale e. Le réservoir viral (B) aquatique dépend de facteurs environnementaux (température, par exemple). Les vibrios se multiplient à un taux nb et disparaissent à un taux mb. Les personnes réceptives sont infectées avec un taux $a\lambda(B)$, où a est le taux de contact avec l'eau infectée et $\lambda(B)$ est la probabilité d'être infecté par le choléra. La probabilité d'être infecté par le choléra dépend de la concentration du vibrio dans l'eau suivant la formule $\lambda(B) = \frac{B}{K+B}$, où K est la concentration du vibrio dans l'eau aboutissant à un risque de 50% d'être infecté. L'objectif était d'étudier le rôle du réservoir du vibrio dans le cas d'une épidémie et d'une endémie. Ensuite une variation saisonnière a été introduite successivement sur les paramètres a, e et $nb - mb$.

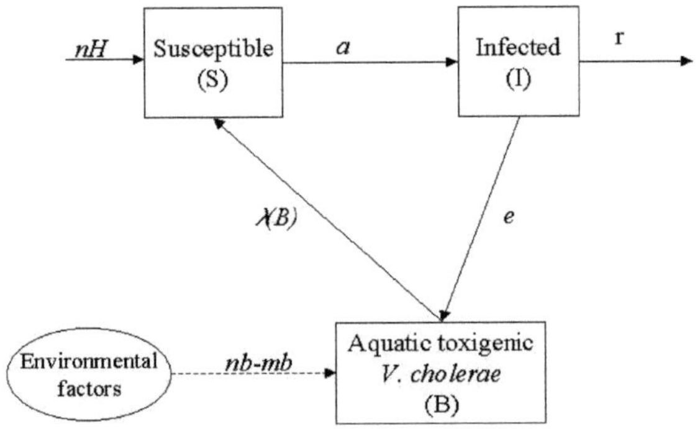

FIGURE 3.5 – *Modèle choléra (Codeço 2001)*

Ce modèle a été amélioré par de Magny *et al.* (2005) en ajoutant 2 compartiments : D le nombre de personnes mortes et R le nombre d'individus immunisés (figure 3.6). Des simulations numériques ont été faites pour prédire le nombre d'individus infectés en Somalie et au Mozambique. Ces deux modèles présentent une base pour la modélisation de la transmission des pathogènes à réservoir environnemental. Cependant pour notre problématique il serait nécessaire d'ajouter la transmission directe car la maladie de Newcastle peut se propager en l'absence de réservoir environnemental : dans les élevages de type industriel non vaccinés, par exemple, mais aucun dans les élevages villageois.

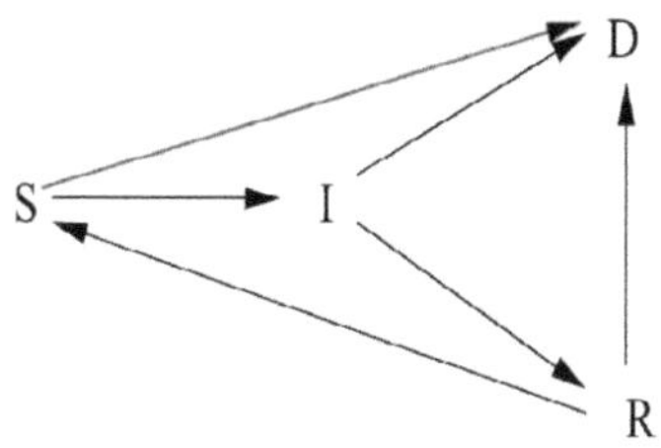

FIGURE 3.6 – *Modèle SIDR (de Magny* et al. *2005)*

René et Bicout (2007) ont développé un modèle à cinq compartiments pour étudier le rôle joué par l'eau des étangs dans la transmission du virus de l'influenza aviaire et pour estimer le risque d'infection que représente ce milieu pour les oiseaux sauvages et domestiques (figure 3.7) : S (réceptifs), E (exposés dans la phase latente), I_1 (infectés à double excrétion trachéale et fécale de virus), I_2 (infectés à excrétion fécale de virus uniquement) et R (immunisés). Dans ce modèle, seule l'infection des canards via l'eau de l'étang contaminée par les excrétions fécales et trachéales est considérée : la transmission directe entre les canards n'est pas prise en compte.

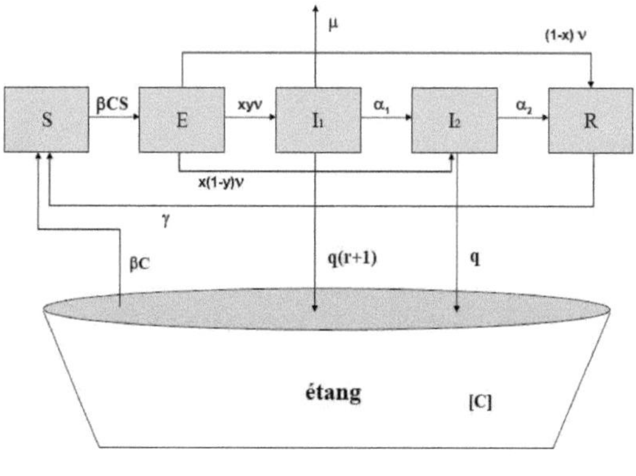

FIGURE 3.7 – *Modèle influenza (René et Bicout 2007)*

Un modèle SIRS de la transmission de l'influenza aviaire chez les oiseaux sauvages a été développé et étudié par simulation numérique (Roche *et al.* 2009). Ce modèle suppose que les hôtes sont divisés en trois classes en fonction de leur statut immunologique : réceptifs (S), infectieux (I), et immunisés (R pour *recovered*). Un compartiment supplémentaire (B), qui représente le milieu aquatique (quantité de particules virales dans le milieu aquatique) a été ajouté. Pour la transmission directe les deux fonctions d'incidence (densité dépendante et fréquence dépendante) ont été testées. Pour la transmission indirecte par l'eau une fonction similaire à celle présentée par Codeço (2001) a été choisie. Une analyse utilisant le critère d'information d'Akaike (AIC) a été effectué avec les données récoltées en Camargue en 2005-2006. Elle a montré que les modèles combinant une transmission directe et indirecte ajustent mieux les données que ceux impliquant un seul mode de transmission.

Un autre modèle représentant un système de transmission environnementale d'une infection (EITS) sans démographie (figure 3.8), a été présenté par Li *et al.* (2009a), pour étudier la dynamique et le contrôle des infections transmises via l'environnement. Le modèle comprend une population humaine divisée en 3 compartiments (S, I et R) et un compartiment qui présente l'agent pathogènes dans l'environnement, E.

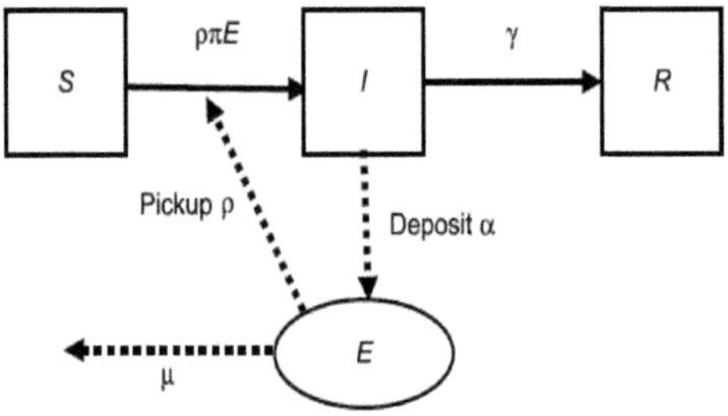

FIGURE 3.8 – *Diagramme du modèle EITS (Li* et al. *2009a)*

Le modèle se traduit par le système d'équations différentielles ordinaires suivant :

$$\begin{cases} \frac{dS}{dt} = -S\rho\pi E \\ \frac{dI}{dt} = S\rho\pi E - \gamma I \\ \frac{dR}{dt} = \gamma I \\ \frac{dE}{dt} = \alpha I - E((S+I+R)\rho + \mu) \end{cases}$$

où ρ est la fraction de E captée par chaque personne par unité de temps, π est la probabilité qu'un individu réceptif devienne infectieux, γ est le taux de guérison, α est la quantité virale excrétée par individu infectieux, et μ est la vitesse d'inactivation de l'agent pathogène. Le modèle déterministe a été simulé à l'aide du logiciel Berkeley Madonna tandis que le modèle stochastique a été simulé à l'aide de code écrit en JAVA. Le nombre reproduction de base $\mathcal{R}_0$ a été calculé :

$$\mathcal{R}_0 = \frac{\alpha}{\gamma} \frac{\rho N}{\rho N + \mu} \pi$$

$\mathcal{R}_0$ a ainsi été considéré comme le produit de la quantité excrétée par un individu infectieux durant la période d'infectiosité $\frac{\alpha}{\gamma}$, de la proportion du pathogène absorbée par les individus réceptifs (pour devenir infectés) par rapport à la quantité totale du pathogène $\frac{\rho N}{\rho N+\mu}$ et de l'infectivité du pathogène π. Ce modèle ne tient pas compte de la variation des effectifs de la population, ce qui ne le rend applicable que sur des courtes périodes.

Finalement nous citons deux articles importants pour la modélisation de la transmission indirecte pour le choléra car ils présentent une analyse mathématique détaillée des modèles :

- Zhou et Cui (2011) présentent un modèle compartimental de type SIRVB, (S) représente les individus réceptifs, (I) représente les individus infectieux, (R) représente les individus immunisés, (V) représente les individus vaccinés et (B) représente la population du pathogène, pour étudier l'effet de la vaccination sur la transmission de la maladie dans une population non constante. Les auteurs ont utilisé une fonction d'incidence de type action de masse (βSB).
- Zhou *et al.* (2012) proposent un autre modèle du même type, mais cette fois avec une vaccination imparfaite pour représenter une proportion de la population qui peut être infectée même après vaccination. De plus, les auteurs ont choisit une fonction d'incidence saturée ($\frac{\beta SB}{K+B}$).

Pour les deux modèles, une analyse mathématique complète du comportement dynamique a été élaborée. La positivité des solutions des systèmes d'équations différentielles ordinaires a été vérifiée, et le taux de reproduction de base a été déterminé. Enfin la stabilité locale et globale des deux équilibres (sans maladie et endémique) a été étudiée. Pour démontrer la stabilité de l'équilibres sans maladie, Zhou et Cui (2011) ont eu recours à l'approche de Kamgang et Sallet (2008), qui nécessite la vérification de certaines hypothèses en plus de la stabilité locale pour conclure de la stabilité globale. Zhou *et al.* (2012) ont pu trouver une fonction de Lyapunov pour démonter la stabilité globale de l'équilibre sans maladie. En ce qui concerne l'équilibre endémique, les auteurs ont utilisé une approche basée sur les "second compound matrix" (section A.4, page 160 pour la description de la méthode). Les démonstrations restent lourdes et ont été établies sous certaines conditions. Même si pour beaucoup de modèles on arrive à trouver les conditions de stabilité de l'équilibre sans maladie, l'étude de l'équilibre endémique est en effet souvent plus difficile.

Ces deux modèles auraient pu répondre à notre question sur la transmission de la maladie de Newcastle. Cependant, contrairement au cas du choléra humain la MN se transmet principalement par contact. Ainsi, nous pouvons nous servir de ces modèles comme base y ajouter la transmission directe.

Conclusion

Malgré le manque de modèles théoriques sur la transmission du VMN, beaucoup d'autres modèles ont été développés pour étudier d'autres pathogènes avec une épidémiologie similaire notamment l'influenza aviaire et le choléra humain. Le caractère commun de ces modèles est l'ajout d'un compartiment environnemental pour modéliser la transmission indirecte où le pathogène persiste dans l'environnement et se transmet à la population réceptive.

Pour bien comprendre la dynamique de transmission du VMN nous nous proposons de développer deux modèles : le premier pour l'étude de la transmission du virus sans intervention prophylactique et dans une population non constante, pour se approcher le plus le cas des volailles villageoises à Madagascar. Dans le second modèle, une vaccination imparfaite est prise en compte. Nous présentons les modèles et nous fournissons une étude mathématique complète de leur comportement.

Modèles de la transmission du virus de la maladie de Newcastle 4

"Considerable ingenuity, intuition, and perhaps luck are required to find a Lyapunov function."

H.L. Smith and P. Waltman, *The theory of the chemostat : dynamics of microbial competition*

Sommaire

Dans ce chapitre, nous proposons deux modèles réalistes de la transmission du VMN dans une populations de *Gallus gallus* (poules et poulets). Dans le premier modèle, nous combinons la transmission directe et la transmission environnementale. Dans le deuxième modèle nous considérons la vaccination imparfaite des poules en plus. Nous élaborons une étude mathématique complète des deux modèles, nous calculons les taux de reproductions de base et nous étudions la stabilité des équilibres. L'étude de la stabilité globale des équilibres sans maladie et endémique est obtenue grâce à la construction des fonctions de Lyapunov appropriées. Nous déterminons les paramètres des modèles à partir de la littérature et des opinions des experts, nous discutons ensuite du contrôle de la MN à Madagascar.

4.1 Résumé

Dans les systèmes avicoles villageois malgaches, la poule et le poulet (appelés par la suite "poule" d'une manière générale) occupe une place prépondérante, ils fournissent la viande et les œufs pour la consommation familiale et présente une source d'argent pour de diverses dépenses. La MN est la contrainte majeure en l'aviculture villageoise. Plusieurs espèces aviaires sont réceptives à la maladie. Les poules sont très sensibles à la maladie et des souches virulentes de VMN provoquent une forte mortalité. A Madagascar, des foyers de MN ont été signalés régulièrement sur toute l'île, principalement dans le secteur de l'aviculture rurale et provoque une grande mortalité en l'absence de vaccination généralisée.

Dans cet article, nous avons développé deux modèles de transmission du VMN au niveau du village malgache. Dans un premier lieu nous avons développé un modèle en tenant compte des deux modes de transmission directe (d'un oiseau à l'autre) et indirecte (via un réservoir environnementale). Ensuite, nous avons développé un second modèle pour étudier la vaccination imparfaite. Nous avons analysé les deux modèles pour déterminer le nombre de reproduction de base et nous avons étudié l'existence, l'unicité et la stabilité des équilibres sans maladie et endémique. Finalement, nous avons discuté selon la valeur du $\mathcal{R}_0$ l'effet des mesures de vaccination.

Dans le premier modèle, nous avons considéré une population non constante de poules (N), divisée en trois compartiments : les oiseaux réceptifs (S), les oiseaux infectieux (I) et les oiseaux guéris (R). Nous avons rajouté un compartiment (B) qui représente la quantité de particules virales excrétée dans l'environnement par les oiseaux malades. Nous avons vérifié que le modèle est bien posé mathématiquement (existence et positivité des solutions), puis nous avons calculé le $\mathcal{R}_0$ en utilisant la NGM, qui est donné par :

$$\mathcal{R}_0 = \frac{\Pi(\alpha\frac{q}{k} + \beta)}{\mu(\sigma + \delta + \mu)},$$

où Π est taux de recrutement par naissance ou par achat, α est taux de transmission indirecte (par lenvironnement), q est la charge virale excrétée par poule infectée, k est vitesse d'inactivation du virus dans l'environnement, β est le taux de transmission direct, σ est le taux de recouvrement, δ est le taux de mortalité due à la maladie et μ est le taux de perte par mortalité naturelle et vente. $\mathcal{R}_0$ est la somme de deux taux de reproduction de base, liés aux transmissions directes et indirectes :

- $\frac{\Pi\frac{q}{k}\alpha}{\mu(\sigma+\delta+\mu)}$ est le nombre d'infections secondaires causées par la transmission environnementale.
- $\frac{\Pi\beta}{\mu(\sigma+\delta+\mu)}$ est le nombre d'infections secondaires causées par la transmission directe.

Nous avons ensuite démontré en utilisant des fonctions de Lyapunov appropriées que l'équilibre sans maladie est globalement asymptotiquement stable si $\mathcal{R}_0 \leq 1$ et que l'équilibre endémique est globalement asymptotiquement stable si $\mathcal{R}_0 > 1$. Épistémologiquement, cela veut dire que lorsque $\mathcal{R}_0 \leq 1$, le VMN finira par disparaître, à long terme, de la population de poule et de l'environnement. D'autre part, lorsque $\mathcal{R}_0 > 1$, la MN persiste dans la population de poules après l'introduction d'un individu infecté.

Pour le second modèle, nous avons rajouté un quatrième compartiment dans la population de poules, les vaccinées (V). Nous supposons que la vaccination est imparfaite, c'est-à-dire une proportion p des vaccinées peut contracter l'infection. Ainsi le taux $1 - p \in [0, 1]$ décrit l'efficacité de la vaccination : lorsque $p = 0$, la vaccination est totalement efficace et lorsque $p = 1$, la vaccination n'a pas d'effet. L'immunité post-vaccinale diminue avec vitesse constante ν, c'est à dire, qu'en moyenne, les poules vaccinées sont protégées par le vaccin pendant une période $\frac{1}{\nu}$. Les causes possibles de la vaccination imparfaite sont :

- le vaccin est administré pendant la période d'incubation,
- une dose de vaccin insuffisante est utilisée,
- les mauvaises conditions de conservation, de transport et d'utilisation.

Nous avons étudié ce modèle en suivant le même schéma que le premier modèle, même si mathématiquement l'étude est plus technique. Nous avons calculé le $\mathcal{R}_0^v$ donné par l'expression :

$$\mathcal{R}_0^v = \frac{\Pi(\frac{q}{k}\alpha + \beta)}{\mu(\sigma + \delta + \mu)} \frac{p(\tau + \mu\,\theta) + (\mu + \nu - \mu\,\theta)}{(\nu + \mu + \tau)}.$$

De même, $\mathcal{R}_0^v$ est la somme de deux taux de reproduction de base, liés aux transmissions directes et indirectes :

- $\frac{\Pi \frac{q}{k}\alpha}{\mu(\sigma+\delta+\mu)} \frac{p(\tau+\mu\,\theta)+(\mu+\nu-\mu\,\theta)}{(\nu+\mu+\tau)}$ est le nombre d'infections secondaires causées par la transmission environnementale en présence de la vaccination.
- $\frac{\Pi\beta}{\mu(\sigma+\delta+\mu)} \frac{p(\tau+\mu\,\theta)+(\mu+\nu-\mu\,\theta)}{(\nu+\mu+\tau)}$ est le nombre d'infections secondaires causées par la transmission directe en présence de la vaccination.

Nous avons ensuite démontré en utilisant une fonction de Lyapunov appropriée que l'équilibre sans maladie est globalement asymptotiquement stable si $\mathcal{R}_0^v \leq 1$. Cependant pour l'équilibre endémique, après des longs calculs, nous avons établi la stabilité locale et la stabilité globale sous certaines conditions sur les paramètres. En effet, en utilisant une méthode basée sur "second compound matrix", nous avons montré que l'équilibre endémique est localement asymptotiquement stable si $\mathcal{R}_0^v > 1$. Quant à la stabilité globale, nous avons démontré en utilisant une fonction de Lyapunov que si $\mathcal{R}_0^v > 1$, et ($\tau > \nu$ et $\theta \in [\frac{1}{2}, 1]$) ou ($\tau < \nu$ et $\theta \in [0, \frac{1}{2}]$), l'équilibre endémique est globalement asymptotiquement stable.

Pour les simulations numériques nous avons utilisé des données sur l'influenza aviaire par manque d'information sur la MN. Nous avons testé plusieurs valeurs de couverture vaccinale. Les résultats montrent que si la transmission environnementale est importante la vaccination seule ne permet pas de contrôler la MN dans le contexte malgache. D'autres mesures de bio-sécurité sont nécessaires pour éradiquer la maladie. Des études et des expérimentations supplémentaires sont à envisager pour quantifier précisément l'excrétion virale, la transmission environnementale et la transmission directe pour pouvoir simuler d'avantage des stratégies de contrôle.

4.2 Article

Development and study of two epizootic models for the transmission of Newcastle disease virus in Malagasy smallholder chicken farms

R. Mraidi[a,b], Y. Dumont[c], E. Cardinale[d,e,f], V. Michel[g], H. Rasamoelina Andriamanivo[h,i], R. Lancelot[a,b,*]

[a]*CIRAD, UMR CMAEE, 34398 Montpellier, France*
[b]*INRA, UMR 1309 CMAEE, 34398 Montpellier, France*
[c]*CIRAD, UMR AMAP, 34398 Montpellier, France*
[d]*CIRAD, UMR CMAEE, 97491 Sainte-Clotilde, Réunion, France*
[e]*INRA, UMR 1309 CMAEE, 97491 Sainte-Clotilde, Réunion, France*
[f]*CRVOI, 97491 Sainte-Clotilde, Réunion, France*
[g]*ANSES, UEBEAC, 22440 Ploufragan, France*
[h]*FOFIFA, DRZV, BP 04, Antananarivo, Madagascar*
[i]*Antananarivo University, DESMV, BP 375, Antananarivo, Madagascar*

Abstract

We study two epizootic models for the transmission of Newcastle disease virus (NDV) in a chicken population from smallholder poultry farming systems in Madagascar. In the first model, we combine direct and environmental transmissions. Imperfect vaccination of chickens is considered in the second model. Disease-free equilibria of the two models are globally asymptotically stable when the basic reproduction number for each model $\mathcal{R}_0, \mathcal{R}_0^v < 1$. If $\mathcal{R}_0, \mathcal{R}_0^v > 1$, NDV persists and the unique enzootic equilibrium is globally asymptotically stable for each model, within the feasible region, and under some conditions. After model calibration with parameter values obtained

*Corresponding author at : CIRAD, UMR CMAEE, Campus International de Baillarguet TA A-DIR / B F34398 Montpellier, France
Email address: `renaud.lancelot@cirad.fr` (R. Lancelot)

Preprint submitted to Mathematical Biosciences *December 8, 2013*

from the literature and expert opinions, we discuss the consequences for NDV control in Madagascar.

Keywords: virus transmission model, Newcastle disease, global stability, Lyapunov function, chicken, Madagascar

1. Introduction

In developing countries, smallholder chicken production is limited by many health constraints (Kitalyi, 1998). Newcastle disease (ND) is one of the most important of them. This poultry disease is caused by an *Avulavirus* (Paramyxoviridae) affecting chickens (*Gallus gallus*) and many other domestic and wild bird species (Alexander, 2008). Host susceptibility to the ND virus (NDV) greatly varies among different avian species. Chickens are very susceptible to the disease and virulent NDV strains cause high mortality (Alexander, 2001). NDV strains are classified into three groups with respect to the severity of the disease they cause (Gallili and Ben-Nathan, 1998): (i) velogenic (highly virulent), (ii) mesogenic (intermediate virulence), and (iii) lentogenic (nonvirulent). Velogenic strains of NDV are highly virulent for susceptible birds of any age. They include the viscerotropic strains causing hemorrhagic intestinal lesions, and the neurotropic strains responsible for acute respiratory and nervous disorders. The intra-cerebral pathogenicity index (ICPI) is used to test how virulent a virus strain is (OIE, 2009). The most virulent NDV give a maximum score of 2.0, whereas less virulent strains give values close to 0.0. In Madagascar, NDV strain isolated from ND outbreaks in chicken farms provided ICPI values of 1.9: they were thus considered as velogenic (Maminiaina et al., 2010). Indeed, when experimentally infected with velogenic-type NDV, chickens develop a severe disease (Brown et al., 1999). Conversely, most live anti-NDV vaccines consist of lentogenic NDV strains while some countries still use mesogenic strains for this purpose.

Vaccination against NDV is the only efficient measure to control ND, whatever the farming system (Marangon and Busani, 2007). With the widespread thermostable I_2 NDV vaccine strain, a 24-week protection was reported with the injected vaccine, vs. a 16-week protection after application in drinking water (Tu et al., 1998). A NDV vaccine is produced in Madagascar with the mesogenic Mukteswar NDV strain. It is a live attenuated virus administered by injection (Koko et al., 2006).

After ND was first described in 1926 in the UK (Kraneveld, 1926; Doyle, 1927), three panzootics have occurred; NDV is now present in most countries of each continent (Alexander, 2001). In Madagascar, ND was detected in 1946. Since then, ND outbreaks have been regularly reported on the whole island, mainly in the rural poultry sector (Maminiaina et al., 2007). While the vaccination rate reaches 100% in commercial farms, less than 10% of the free-range chickens are duly vaccinated. Thus, ND causes more than 40% of annual mortality rate in such non protected chickens (Maminiaina et al., 2007).

In Malagasy smallholder production systems, chickens are the most common livestock owned by rural families. They provide meat and eggs for familial consumption, offerings for ceremonies, a source of cash to buy agricultural inputs (semen, fertilizers), or to cover family needs such as school fees (Alders et al., 2001). Flock size is usually small ($<$ 100 heads), with animals of different species (chickens, ducks, geese, turkeys…) and age classes

(Rasamoelina Andriamanivo et al., 2012). Chickens freely browse during the day, within the village as well as in the closest crop fields (mainly rice paddies) where they recover harvest by-products. Therefore, there are many bird-to-bird contact opportunities between birds of the same village, and as many possibilities for pathogen transmissions.

The introduction of NDV in a chicken farm or village may occur through wildlife (e.g., droppings of infected birds), or purchase of infected domestic birds without quarantine measures - a quite common circumstance in developing countries, contact with contaminated feed or water, farm equipment, and farm-worker clothing. The incubation period ranges from 2 to 15 days (Alexander, 2008) and chickens remain infectious for about 5 days (Johnston, 1992). NDV may directly spread from infected to healthy birds either by inhalation, or by ingestion of infectious particles (Alexander, 1988). At the village or area levels, ND often occurs in seasonal epizootic waves, most frequently during the dry season (Spradbrow, 2001). This situation has also been reported in Madagascar (Maminiaina et al., 2007). Using simulation models, Johnston (1992) stated that these epizootic waves might be related to the persistence of NDV within the infected village during a long time period, even several months after the last observed clinical signs. However, this author assumed NDV might persist under "some" form, without providing more details. Also, Spradbrow (2001) indicated NDV might persist at the village or flock levels with poultry population sizes as small as 500. However, these observations were empirical, without theoretical background to support them.

Vaccinated birds exposed to a wild, virulent NDV are protected against clinical expression and production losses. However, they may excrete the wild virus and are thus a possible source of infection for unvaccinated birds (Allan et al., 1978; Samuel et al., 2013). Moreover, NDV can survive for several weeks in the environment and remains infectious for susceptible birds (Li et al., 2009).

There is no general control policy against ND actually implemented in Madagascar. Vaccination decision is left to the responsibility and willingness of farmers (Koko et al., 2006; Maminiaina et al., 2010; Rasamoelina Andriamanivo et al., 2012). Moreover, farmers' access to veterinary services and products is heterogeneous. However, large avian production areas like the Antananarivo region (the capital city) or the Ambatondrazaka region in the Lake Alaotra basin (the largest rice production area of the country) benefit from a good network of veterinarians and veterinary technicians (figure 1). Vaccination campaigns are organized by private veterinarians or non-governmental organizations. After information sessions organized in villages, farmers are asked to bring their poultry to the vaccination teams. In practice, vaccination coverage is low, hardly reaching 20% of the overall village chicken population, from authors' field experience. Consecutively, NDV remains in an enzootic state in Madagascar smallholder farming systems.

Mathematical modeling is a powerful tool for studying the transmission of pathogens causing infectious diseases (Anderson and May, 1991). The topic is broad, covering all the aspects of introduction, emergence and spread of infectious diseases. In this paper, we focused on ND emergence, i.e. what happens in a population of NDV-free, susceptible chickens after the introduction of an NDV-infectious chicken. To propose practical recommendations,

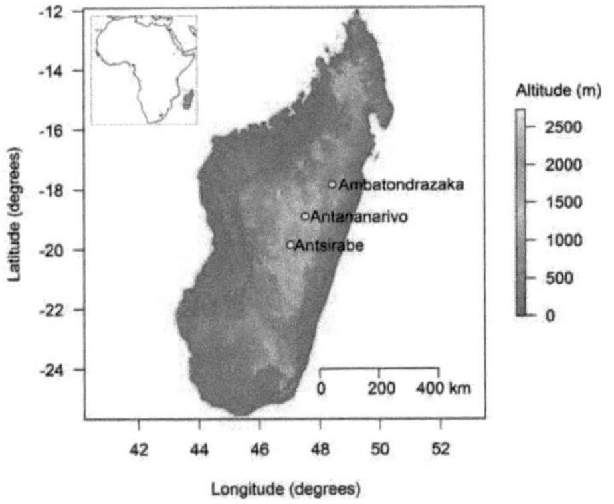

Figure 1: Regions of Ambatondrazaka, Anstirabe, and Antananarivo are among the main smallholder chicken-production areas in Madagascar

we have considered the question of vaccination strategy to be implemented in smallholder chicken farms for an optimal ND control.

Johnston (1992) has designed and implemented a 'state - transitional' model to evaluate the impact of ND and ND vaccination on village fowls in Philippines and Thailand. He divides the chicken population into four main compartments (sub-populations) with respect to their infectious status: (S) susceptible, (E) latent infection (no virus excretion, no specific morbidity, no additional mortality), (I) infectious (sick animals with additional mortality) and (R) immune (resistant to infection). Moreover, each compartment was sub-divided according to age (chicks, growers, and adults) and sex (males and females). Specific mortality, fertility, and off-take rates were defined for each sub-population, and varied according to the infectious status. The model also represented vaccination, allowing the possibility for chickens to directly move from susceptible (E) to immune (R) compartments. Vaccination campaigns of hypothetical village poultry flocks were implemented at 4-, 8-, and 12-week intervals to compare poultry losses, as well as poultry productivity and economic productivity under these different scenarios. However, the author did not undertake the mathematical study of this complicated model: he only used it for simulations.

Though other examples of published NDV transmission models are scarce, the epidemiology of NDV is similar to other pathogens which are directly transmitted and may persist in the environment after their excretion. For example, a lot of attention has recently been paid to the transmission of avian influenza viruses (AIV), with studies coupling environment and direct virus transmission in wild waterfowl (Breban et al., 2009, 2010; Roche et al.,

2009; Rohani et al., 2009). However, these models were mostly used to better understand AIV persistence in the wild, not to study the transmission dynamic of AIV.

The bacterium *Vibrio cholera* (Vibrionaceae), causing human cholera, is also a directly-transmitted pathogen with an environmental reservoir (Cameron and Jones, 1983). Many models have been developed to study its transmission (Codeço, 2001; Codeço et al., 2008; Jensen et al., 2006; Pascual et al., 2002; King et al., 2008). For instance, Codeço (2001) presented a SIB compartmental model to study the role of the aquatic reservoir on the persistence of human cholera (S number of susceptible persons, I number of infected persons, and B concentration of toxigenic *V. cholerae* in water). Other models have been developed only considering environmental infection (Mwasa and Tchuenche, 2011; Zhou and Cui, 2011; Zhou et al., 2012; Wang and Liao, 2012).

In this paper, we developed a NDV transmission model with bird-to-bird transmission, an environmental reservoir, and poultry vaccination at the village level. We analyzed it to derive the basic reproduction number $\mathcal{R}_0$ and to study the existence and uniqueness of disease-free and enzootic equilibria. We analyzed the enzootic stability using Lyapunov functions. We discussed the possibility to use vaccination to bring $\mathcal{R}_0$ below the epizootic threshold. Then, we developed a second model to study the consequence of imperfect vaccination. We assumed the vaccine was safe (no residual pathogenic effect) and efficient (good immunogenicity).

2. Model with environmental transmission

We consider a non-constant population of chickens, homogeneously distributed in the village, so that the contact probability between all chickens is the same.

Two different virus-transmission routes are considered: direct transmission from infected to non infected chickens, or indirect transmission from environment infected by NDV (excreted by sick birds) to non infected chickens.

The chicken population (N) is sub-divided into three classes: (i) susceptible birds (S), including immunologically naive individuals, (ii) infectious birds (I), made up of chickens excreting NDV, and (iii) recovered chickens (R), consisting in immune birds resistant to the virus. An additional compartment B represents the quantity of NDV particles released by sick birds in the environment. We assume all newly-recruited chickens (purchases, newborns...) enter the susceptible compartment. The conceptual NDV-transmission model is shown in fig. 2.

- The class S of susceptible chickens increases either by birth or immigration (purchases of healthy chickens) at a constant rate Π. It decreases by natural death and off-take (slaughtering, sales, losses) occurring at a constant rate μ.

  It also decreases by NDV infection at rate of infection f ($f = \alpha B + \beta I$) i.e., when susceptible individuals acquire an infectious disease following (i) contacts with infected individuals at a rate β, and (ii) contamination by the environment at rate α.

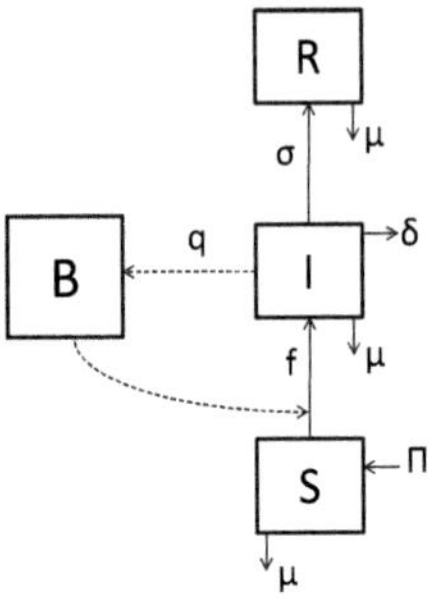

Figure 2: Transfer diagram for the Newcastle-disease virus transmission model in chickens

During each unit of time, a susceptible chicken has on average βI contacts with infectious birds allowing NDV transmission. Thus, the number of susceptible chickens becoming infected per unit of time after bird-to-bird NDV transmission is $\beta S I$.

Also, we model environmental infections according to the mass-action law, i.e. there are $\alpha S B$ new infections per unit of time, with α the bird-environment contact rate allowing NDV transmission, and B the concentration of NDV in the environment. The same approach was adopted by Ghosh et al. (2004) to model the transmission of *Vibrio cholerae* from infected to healthy human, and from the environment.

Remark 2.1. *A Michaelis-Menten function might be used to model indirect NDV transmission (Zhou et al., 2012). In this case, environmental virus transmission would not be linear with respect to* B*. Instead, it would be saturated, i.e. of the form* $B/(M + B)$*, with* M *the quantity of viral particles in the environment yielding 50% chance of* *being infected by NDV. Thus, with this model, the contamination probability is constant beyond a certain amount of viral particles. However, according to NDV experts who were consulted for this purpose, there is no evidence for the existence of a threshold for NDV load needed to bring susceptible individuals to an infectious state. For this reason, we chose the mass-action law to model NDV transmission related to the environment.*

- The class I of infected individuals is generated by the infection of susceptible chickens. Infected chicken may either recover from NDV infection and become resistant at rate σ, or die at rate μ. Moreover, additional deaths is caused by NDV at the constant rate δ.

- The class R of resistant individuals is generated by chickens recovering from NDV infection at rate σ. Natural deaths and off-take decrease its size at constant rate μ.

- At last, q is the rate at which infected birds shed NDV, thus increasing NDV load in the environment; k is the decay rate of NDV in the environment (NDV inactivation by ultra-violet radiance, NDV adsorption by mineral or organic particles. . .).

According to these biological assumptions, we derive the following mathematical model:

$$\begin{cases} \dfrac{dS}{dt} = \Pi - (\alpha B + \beta I)S - \mu S, \\ \dfrac{dI}{dt} = (\alpha B + \beta I)S - (\sigma + \delta + \mu)I, \\ \dfrac{dB}{dt} = qI - kB, \\ \dfrac{dR}{dt} = \sigma I - \mu R, \end{cases} \tag{1}$$

with additional initial nonnegative conditions $(S(0), I(0), B(0), R(0))^T \geq \mathbf{0}$. The equation right-hand side being Lipschitz-continuous, there exists a unique maximal solution. Then, it is straightforward to verify that the total chicken population, $N = S + I + R$, verifies

$$\frac{dN}{dt} = \Pi - \mu N - \delta I \tag{2}$$

It is easy to verify that $\left[\frac{dX}{dt}\right]_0 > 0$ with $X = B$, S, I, and R. This ensure that our system is positively invariant in $\mathbb{R}^4_+$.

Using equation (2) and the fact that $-\delta N \leq -\delta I \leq 0$, the total population N satisfies the differential inequalities

$$\Pi - (\mu + \delta)N \leq \frac{dN}{dt} \leq \Pi - \mu N, \tag{3}$$

which can be viewed as a conservation law. Let $N(0) = N_0 > 0$ be given, $\underline{N}$ and $\overline{N}$ be the solutions of $\frac{dN}{dt} = \Pi - (\mu + \delta)N$ and $\frac{dN}{dt} = \Pi - \mu N$ respectively. Then, using the monotonicity theorem 8.XI in Walter (1970), the conservation law (3) implies that N verifies

$$\underline{N}(t) \leq N(t) \leq \overline{N}(t).$$

Denote $N^\sharp = \frac{\Pi}{\mu+\delta}$ and $N^* = \frac{\Pi}{\mu}$, the positive globally asymptotically stable (GAS) equilibrium related to $\underline{N}$ and $\overline{N}$, respectively. Thus, according to the previous results, it makes sense to work in a much smaller region

$$\mathcal{D} = \left\{(B, S, I, R) \in \mathbb{R}^4_+ : \frac{\Pi}{\mu+\delta} \leq S + I + R \leq \frac{\Pi}{\mu}, B \leq \frac{q\Pi}{k\mu}\right\} \tag{4}$$

which is compact, positively invariant and attracts all solutions in $\mathbb{R}^4_+$. This means that a solution starting in $\mathcal{D}$ remain in $\mathcal{D}$ for all $t \geq 0$, and a solution starting from any initial condition, apart from $\mathcal{D}$, will always enter and remain in $\mathcal{D}$, after a sufficiently large time. Thus studying the asymptotic behavior of the system on $\mathbb{R}^4_+$ is equivalently studied on $\mathcal{D}$, which is also biologically feasible (see for instance Anguelov et al. (2013)).

2.1. Equilibria: existence, local and global stability

In this section, we study the existence of disease-free (DFE) and enzootic equilibria (EE), and we compute the basic reproduction number $\mathcal{R}_0$.

2.1.1. The disease-free equilibrium

Straightforward computations lead to the disease-free equilibrium, $DFE = (0, \frac{\Pi}{\mu}, 0, 0)^T$. Using the next-generation matrix (NGM) approach described in van den Driessche and Watmough (2002), we compute the basic reproduction number $\mathcal{R}_0$ which is the number of secondary disease cases caused by a single infective individual introduced in a disease-free and immunologically naive (i.e., fully susceptible) population.

Since only I and B are directly related to the infectious process, we have

$$\begin{bmatrix} \frac{dI}{dt} \\ \frac{dB}{dt} \end{bmatrix} = \begin{bmatrix} (\alpha B + \beta I)S \\ 0 \end{bmatrix} - \begin{bmatrix} (\sigma + \delta + \mu)I \\ -(qI - KB) \end{bmatrix} = \mathcal{F} - \mathcal{V}, \qquad (5)$$

where $\mathcal{F}$ is the incidence rate of new infections, and $\mathcal{V}$ is the transfer rate of individuals into, and out, of each sub-population (including removal by death, or acquired immunity). We now compute F and V the Jacobian matrix of $\mathcal{F}$ and $\mathcal{V}$ respectively

$$F = \begin{pmatrix} \beta S_0 & \alpha S_0 \\ 0 & 0 \end{pmatrix} = \begin{pmatrix} \beta \frac{\Pi}{\mu} & \alpha \frac{\Pi}{\mu} \\ 0 & 0 \end{pmatrix}$$

$$V = \begin{pmatrix} (\sigma + \delta + \mu) & 0 \\ -q & k \end{pmatrix}, \qquad V^{-1} = \begin{pmatrix} \frac{1}{\sigma+\delta+\mu} & 0 \\ \frac{q}{k(\sigma+\delta+\mu)} & \frac{1}{k} \end{pmatrix}$$

Thus, we deduce

$$FV^{-1} = \begin{pmatrix} \frac{\beta \frac{\Pi}{\mu}}{\sigma+\delta+\mu} + \frac{\alpha \frac{\Pi}{\mu} q}{k(\sigma+\delta+\mu)} & \frac{\alpha \frac{\Pi}{\mu}}{k} \\ 0 & 0 \end{pmatrix} = \begin{pmatrix} \mathcal{R}_0 & \frac{\alpha \frac{\Pi}{\mu}}{k} \\ 0 & 0 \end{pmatrix}$$

According to van den Driessche and Watmough (2002), $\mathcal{R}_0 = \rho(FV^{-1})$, where $\rho(A)$ denotes the spectral radius of A, which leads to

$$\mathcal{R}_0 = \frac{\Pi(\alpha \frac{q}{k} + \beta)}{\mu(\sigma + \delta + \mu)}.$$

As expected, $\mathcal{R}_0$ depends on two basic reproduction numbers, related to the direct and indirect transmissions:

- $\frac{\Pi \frac{q}{k} \alpha}{\mu(\sigma+\delta+\mu)}$ is the number of secondary infections caused by *indirect (environmental) NDV transmission.*

- $\frac{\Pi\beta}{\mu(\sigma+\delta+\mu)}$ is the number of secondary infections caused by *direct NDV transmission.*

The term $1/(\sigma+\delta+\mu)$ is the expected infection duration for a given chicken, and Π/μ is the number of susceptible chickens at DFE. β is the rate of direct NDV transmission, and $q\alpha/k$ is the rate of indirect NDV transmission.

Following van den Driessche and Watmough (2002), we have

Proposition 2.2. *DFE is locally asymptotically stable when $\mathcal{R}_0 < 1$, and unstable when $\mathcal{R}_0 > 1$.*

We will show that we have a GAS property for DFE when $\mathcal{R}_0 \leq 1$.

2.1.2. The enzootic equilibrium

To get the enzootic equilibrium EE $= (B^*, S^*, I^*, R^*)$, we solve system (1) with left-hand side equaled to zero. We obtain the following system:

$$\begin{cases} (\sigma+\delta+\mu)I^* & = (\alpha B^* + \beta I^*)S^* \\ B^* & = \frac{q}{k}I^* \\ S^* & = \frac{\Pi}{\mu} - \frac{\sigma+\delta+\mu}{\mu}I^* \\ R^* & = \frac{\sigma}{\mu}I^* \end{cases}$$

We show the following

Proposition 2.3. *There exists an unique EE in $\mathcal{D}$ if and only if $\mathcal{R}_0 > 1$.*

Proof. By substituting the expressions of B^* and S^* in the first equation we get:

$$I^* = \frac{\Pi}{\sigma+\delta+\mu} - \frac{\mu}{\frac{q}{k}\alpha+\beta} = \frac{\mu}{\frac{q}{k}\alpha+\beta}(\mathcal{R}_0 - 1) \tag{6}$$

Thus I^* exists (i.e. positive) if and only if $\mathcal{R}_0 > 1$. Let us check that EE $\in \mathcal{D}$:

$$\begin{aligned} N^* = I^* + S^* + R^* &= I^* + (\frac{\Pi}{\mu} - \frac{\sigma+\delta+\mu}{\mu} I^*) + \frac{\sigma}{\mu} I^*, \\ &= \frac{\Pi}{\mu} - I^*(\frac{\sigma+\delta+\mu}{\mu} - \frac{\sigma}{\mu} - 1), \\ &= \frac{\Pi}{\mu} - \frac{\delta}{\mu} I^* \end{aligned}$$

Thus, using the fact that $0 \le I^* \le N^*$, we deduce

$$\frac{\Pi}{\mu+\delta} \le N^* \le \frac{\Pi}{\mu}. \tag{7}$$

Furthermore,

$$B^* = \frac{q}{k} I^* \le \frac{q\Pi}{k\mu}. \tag{8}$$

We conclude that EE belongs to $\mathcal{D}$.

□

2.2. Global dynamics

To show the global asymptotic stability of the two equilibria (DFE and EE), we consider suitable Lyapunov functions Korobeinikov (2004); Korobeinikov and Wake (2002); LaSalle (1960).

Theorem 2.4. *If $\mathcal{R}_0 \le 1$, then DFE is globally asymptotically stable on $\mathcal{D}$.*

Proof. We consider the Lyapunov-LaSalle function $U(B,I) = \frac{\Pi}{\mu}\alpha B + kI$. We compute

$$\begin{aligned}\dot{U}(B,I) &= \frac{\Pi}{\mu}\alpha\dot{B} + k\dot{I}\\ &= \frac{\Pi}{\mu}\alpha(qI - kB) + k(\alpha BS + \beta IS - (\sigma+\delta+\mu)I)\end{aligned}$$

Since $S \in \mathcal{D}$, $S \leq \frac{\Pi}{\mu}$:

$$\begin{aligned}\dot{U}(B,I) &\leq \frac{\Pi}{\mu}\alpha(qI - kB) + k(\alpha B\frac{\Pi}{\mu} + \beta I\frac{\Pi}{\mu} - (\sigma+\delta+\mu)I)\\ &\leq I[\frac{\Pi}{\mu}(\alpha q + \beta k) - k(\sigma+\delta+\mu)]\\ &\leq k(\sigma+\delta+\mu)(\mathcal{R}_0 - 1)I\end{aligned}$$

Furthermore, $\dot{U} = 0$ if $I = 0$ or $\mathcal{R}_0 = 1$. Hence the largest invariant set contained in the set $\left\{(E,I) \in \mathcal{D}/\dot{U}(B,I) = 0\right\}$ is reduced to the DFE. Since we are in a compact positively invariant set, according to the LaSalle's invariance principle (Gless, 1966; Bhatia and Szegö, 1970), the DFE is globally asymptotically stable in $\mathcal{D}$. Therefore, all solutions in the set where $I = B = 0$, go to the DFE. Thus, $\mathcal{R}_0 \leq 1$ is the necessary and sufficient condition for NDV to stop spreading, and to disappear from the system.

□

Theorem 2.5. *If $\mathcal{R}_0 > 1$, then EE is globally asymptotically stable on $\mathcal{D}$.*

Proof. See Appendix A □

In epidemiological words, theorems 2.4 and 2.5 show that when $\mathcal{R}_0 \leq 1$, NDV asymptotically disappears from the chicken population and the environment. On the other hand, when $\mathcal{R}_0 > 1$, an NDV epizootic may persist in the chicken population after the introduction of an infected chicken.

3. Model with imperfect vaccination

Since vaccination against NDV is used in Madagascar, we introduce a fourth epidemiological state in the chicken population, i.e. vaccinated chickens V. We vaccination is "imperfect", i.e. a proportion p of vaccinated individuals may still become infected, at an infection rate $p.f$ lower than for fully susceptible chickens, where f is the incidence function.

Possible causes of imperfect vaccination are:

- Vaccine is administered when birds have already been exposed to NDV (incubation period),
- An insufficient vaccine dose is used,
- Incorrect conditions of vaccine storage, transportation, or use.

The rate $1 - p \in [0, 1]$ describes vaccine efficacy: when $p = 0$, the vaccine is perfectly effective and when $p = 1$, the vaccine has no effect. Post-vaccinal immunity decreases at the constant rate ν, i.e., vaccinated individuals are protected by the vaccine during $\frac{1}{\nu}$ units of time, on average. Recruitments (birth, purchases) occur in compartments S and V at constant rate $\Pi > 0$, such that only a fraction θ is vaccinated. The epidemiological system is summarized in Figure 3.

Consecutively, we obtain the following mathematical model for imperfect NDV vaccination:

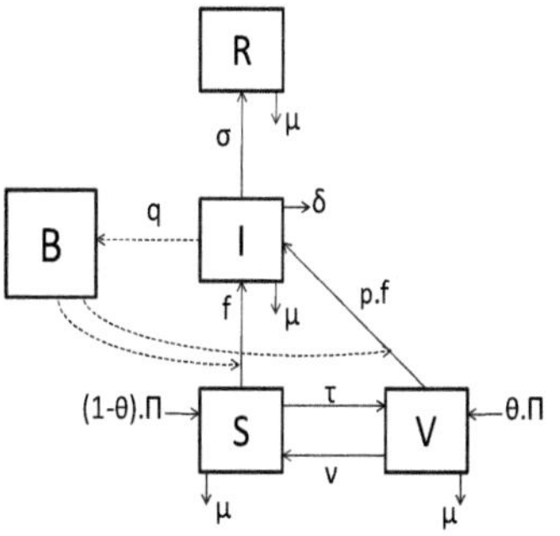

Figure 3: Transfer diagram of the Newcastle-disease virus transmission model with imperfect vaccination

$$\begin{cases} \dfrac{dB}{dt} = qI - kB \\ \dfrac{dI}{dt} = (\alpha B + \beta I)(pV + S) - (\sigma + \delta + \mu)I \\ \dfrac{dS}{dt} = (1-\theta)\Pi - (\alpha B + \beta I)S + \nu V - (\mu + \tau)S \\ \dfrac{dV}{dt} = \theta\Pi + \tau S - p(\alpha B + \beta I)V - (\mu + \nu)V \\ \dfrac{dR}{dt} = \sigma I - \mu R \end{cases} \tag{9}$$

The problem is epidemiologically well-posed in the sense that all variables remain non-negative for all $t > 0$. Also, we show that

$$\mathcal{D}_V = \left\{ (B, S, I, V, R) \in \mathbb{R}^5_+ : \frac{\Pi}{\mu + \delta} \leq S + I + V + R \leq \frac{\Pi}{\mu}, B \leq \frac{q\Pi}{k\mu} \right\} \tag{10}$$

is a compact positively invariant that attracts all solutions in $\mathbb{R}^5_+$.

3.1. Existence and stability of the disease-free equilibrium

It is easy to show that the DFE of the vaccinated system is

$$DFE^v = \left(0, 0, \frac{\Pi(\mu + \nu - \mu\theta)}{\mu(\mu + \nu + \tau)}, \frac{\Pi(\tau + \mu\theta)}{\mu(\mu + \nu + \tau)}, 0\right) \tag{11}$$

Using van den Driessche and Watmough (2002), after straightforward computations, we derive the basic reproduction number

$$\mathcal{R}_0^v = \frac{\Pi(\frac{q}{k}\alpha + \beta)}{\mu(\sigma + \delta + \mu)} \frac{p(\tau + \mu\,\theta) + (\mu + \nu - \mu\,\theta)}{(\nu + \mu + \tau)},$$

or equivalently,

$$\mathcal{R}_0^v = \mathcal{R}_0\left(1 - \frac{(1-p)(\tau + \mu\theta)}{\nu + \tau + \mu}\right), \tag{12}$$

which shows an obvious (and useful) relationship between $\mathcal{R}_0$ and $\mathcal{R}_0^v$. Moreover, it is straightforward to verify that

$$\mathcal{R}_0^v \leq \mathcal{R}_0. \tag{13}$$

Like $\mathcal{R}_0$, $\mathcal{R}_0^v$ also depends on two types of NDV transmissions:

- $\frac{\Pi\frac{q}{k}\alpha}{\mu(\sigma+\delta+\mu)}\frac{p(\tau+\mu\,\theta)+(\mu+\nu-\mu\,\theta)}{(\nu+\mu+\tau)}$ is the number of secondary NDV infections caused by environmental transmission in the presence of vaccination.

- $\frac{\Pi\beta}{\mu(\sigma+\delta+\mu)}\frac{p(\tau+\mu\,\theta)+(\mu+\nu-\mu\,\theta)}{(\nu+\mu+\tau)}$ is the number of secondary NDV infections caused by direct transmission in the presence of vaccination.

Note also that (12) can be rewritten as $\mathcal{R}_0^v = \frac{(\frac{q}{k}\alpha+\beta)}{(\sigma+\delta+\mu)}(pV_{DFE^v} + S_{DFE^v})$. Following van den Driessche and Watmough (2002), we have

Proposition 3.1. *DFE^v is locally asymptotically stable when $\mathcal{R}_0^v < 1$, and unstable when $\mathcal{R}_0^v > 1$.*

We can go further and show that

Theorem 3.2. *DFE is globally asymptotically stable for $\mathcal{R}_0^v \leq 1$.*

Remark 3.3. *Since $S + V + I + R \leq \frac{\Pi}{\mu}$ in $\mathcal{D}_v$, we have the following inequalities:*

$$\begin{cases} \dfrac{dS}{dt} \leq & (1-\theta)\Pi + \nu(\dfrac{\Pi}{\mu} - S) - (\mu+\tau)S, \\ \dfrac{dV}{dt} \leq & \theta\Pi + \tau(\dfrac{\Pi}{\mu} - V) - (\mu+\nu)V, \end{cases} \tag{14}$$

which implies that, after a sufficient long time

$$\begin{cases} S \leq & \dfrac{\Pi(\mu+\nu-\mu\,\theta)}{\mu(\mu+\nu+\tau)} \\ V \leq & \dfrac{\Pi(\tau+\mu\,\theta)}{\mu\,(\mu+\nu+\tau)} \end{cases} \tag{15}$$

Proof. Consider the following Lyapunov function:

$$U(B,I) = \frac{\Pi}{\mu}\frac{p(\tau+\mu\,\theta)+(\mu+\nu-\mu\,\theta)}{(\nu+\mu+\tau)}\alpha B + kI. \tag{16}$$

We compute

$$\begin{aligned} \dot{U}(B,I) &= \frac{\Pi}{\mu}\frac{p(\tau+\mu\,\theta)+(\mu+\nu-\mu\,\theta)}{(\nu+\mu+\tau)}\alpha(qI-kB) + k(\alpha B(pV+S) + \beta I(pV+S) \\ &\quad -(\sigma+\delta+\mu)I), \\ &\leq \frac{\Pi}{\mu}\frac{p(\tau+\mu\,\theta)+(\mu+\nu-\mu\,\theta)}{(\nu+\mu+\tau)}\alpha(qI-kB) \end{aligned}$$

$$
\begin{aligned}
&+k\frac{\Pi}{\mu}\frac{p(\tau+\mu\,\theta)+(\mu+\nu-\mu\,\theta)}{(\nu+\mu+\tau)}(\alpha B+\beta I)-k(\sigma+\delta+\mu)I\\
\leq\ & I[\frac{\Pi}{\mu}\frac{p(\tau+\mu\,\theta)+(\mu+\nu-\mu\,\theta)}{(\nu+\mu+\tau)}(\alpha q+\beta k)-k(\sigma+\delta+\mu)]\\
\leq\ & k(\sigma+\delta+\mu)(\mathcal{R}_0^v-1)I
\end{aligned}
$$

Furthermore $\dot{U}=0$ if $I=0$ or $\mathcal{R}_0^v=1$. Hence the largest invariant set contained in the set $\left\{(E,I)\in\mathcal{D}/\dot{U}(E,I)=0\right\}$ is reduced to DFE^v. Since we are in a compact positively invariant set, according to the LaSalle's invariance principle (Gless, 1966; Bhatia and Szegö, 1970), the DFE is globally asymptotically stable in $\mathcal{D}_v$.

□

3.2. Enzootic equilibrium: existence and global asymptotic stability

We show the following

Proposition 3.4. *When $\mathcal{R}_0^v>1$, system (9) has a unique positive EE_v in $\mathcal{D}_v$*

Proof. Using (9), the enzootic equilibrium $EE_v=(B^*,I^*,S^*,V^*,R^*)$ is solution of the following system

$$
\begin{cases}
qI^*-kB^*=0,\\
(\alpha B^*+\beta I^*)(pV^*+S^*)-(\sigma+\delta+\mu)I^*=0,\\
(1-\theta)\Pi-(\alpha B^*+\beta I^*)S^*+\nu V^*-(\mu+\tau)S^*=0,\\
\theta\Pi+\tau S^*-p(\alpha B^*+\beta I^*)V^*-(\mu+\nu)V^*=0,\\
\sigma I^*-\mu R^*=0,
\end{cases}
\tag{17}
$$

from which we deduce

$$\begin{cases} R^* = \dfrac{\sigma}{\mu} I^*, \\ B^* = \dfrac{q}{k} I^*, \\ S^* = \dfrac{(1-\theta)\Pi + \nu V^*}{(\alpha B^* + \beta I^* + \mu + \tau)}, \\ V^* = \dfrac{\Pi[\theta(\alpha B^* + \beta I^*) + \tau + \mu\theta]}{(\alpha B^* + \beta I^* + \mu + \tau)[p(\alpha B^* + \beta I^*) + \nu + \mu] - \nu\tau}, \end{cases}$$

and

$$\begin{cases} S^* = \dfrac{\Pi[(1-\theta)(\alpha\frac{q}{k} + \beta)I^* + \nu + \mu - \mu\theta]}{[(\alpha\frac{q}{k} + \beta)I^* + \tau + \mu][p(\alpha\frac{q}{k} + \beta)I^* + \nu + \mu] - \nu\tau} \\ V^* = \dfrac{\Pi[\theta(\alpha\frac{q}{k} + \beta)I^* + \tau + \mu\theta]}{[(\alpha\frac{q}{k} + \beta)I^* + \tau + \mu][p(\alpha\frac{q}{k} + \beta)I^* + \nu + \mu] - \nu\tau} \end{cases} \tag{18}$$

Substituting expressions of S^* and V^* into equation $(17)_3$ gives

$$f(I^*) = \Pi(\alpha\frac{q}{k}+\beta)I^* \frac{(1-\theta+p\theta)(\alpha\frac{q}{k} + \beta)I^* + \mu\theta(p-1) + \nu + \mu + p\tau}{[(\alpha\frac{q}{k} + \beta)I^* + \tau + \mu][p(\alpha\frac{q}{k} + \beta)I^* + \nu + \mu] - \nu\tau} - (\sigma+\delta+\mu)I^* = 0 \tag{19}$$

We are looking for a positive solution. Note that equation$f(I^*) = 0$ can be rewritten as:

$$aI^{*2} + bI^* + c = 0, \tag{20}$$

where:

$$\begin{cases} a = p(\sigma+\delta+\mu)(\frac{q}{k}\alpha+\beta)^2 > 0 \\ b = (\frac{q}{k}\alpha+\beta)[(\sigma+\delta+\mu)(\nu+\mu+p(\tau+\mu)) - p\Pi(\frac{q}{k}\alpha+\beta)(1-\theta+p\theta)] \\ c = (\sigma+\delta+\mu)[(\tau+\mu)(\nu+\mu)-\nu\tau] - \Pi(\frac{q}{k}\alpha+\beta)[\mu\theta(p-1)+\nu+\mu+p\tau] \\ \quad = \mu(\sigma+\delta+\mu)(\nu+\mu+\tau)(1-\mathcal{R}_0^v) \end{cases}$$

Let us first show the following useful result: when $\mathcal{R}_0^v \leq 1$, we have $b > 0$. Using (12), we have:

$$\Pi(\frac{q}{k}\ alpha+\beta) = \mathcal{R}_0^v \frac{\mu(\sigma+\delta+\mu)(\nu+\mu+\tau)}{p(\tau+\mu\ \theta)+(\mu+\nu-\mu\ \theta)} \tag{21}$$

We express b in terms of $\mathcal{R}_0^v$:

$$\begin{aligned} b &= (\frac{q}{k}\alpha+\beta)\left[(\sigma+\delta+\mu)(\nu+\mu+p(\tau+\mu)) - p\Pi(\frac{q}{k}\alpha+\beta)(1-\theta+p\theta)\right] \\ &= (\frac{q}{k}\alpha+\beta)(\sigma+\delta+\mu)\left[(\nu+\mu+p(\tau+\mu)) - \frac{p\mu(\nu+\mu+\tau)(1-\theta+p\theta)}{p(\tau+\mu\ \theta)+(\mu+\nu-\mu\ \theta)}\mathcal{R}_0^v\right] \\ &= (\frac{q}{k}\alpha+\beta)(\sigma+\delta+\mu)\frac{p\mu(\nu+\mu+\tau)(1-\theta+p\theta)}{p(\tau+\mu\ \theta)+(\mu+\nu-\mu\ \theta)} \times \\ &\quad \left[\frac{(\nu+\mu+p(\tau+\mu))(p(\tau+\mu\ \theta)+\mu+\nu-\mu\ \theta)}{p\mu(\nu+\mu+\tau)(1-\theta+p\theta)} - \mathcal{R}_0^v\right] \end{aligned}$$

Straightforward computations shows that

$$\frac{(\nu+\mu+p(\tau+\mu))(p(\tau+\mu\ \theta)+\mu+\nu-\mu\ \theta)}{p\mu(\nu+\mu+\tau)(1-\theta+p\theta)} > 1. \tag{22}$$

Hence, when $\mathcal{R}_0^v \leq 1$, we have $b > 0$.

Using the previous result, we can now discuss the sign of the roots of (20), I_1^* and I_2^* according to the sign of c and b.

- When $\mathcal{R}_0^v > 1$, then $c < 0$, which implies that I_1^* and I_2^* the roots of (20) verifies $I_1^* I_2^* = \frac{c}{a} < 0$, which implies necessarily that the roots are real and of opposite sign. Thus for all $p \in [0, 1]$, there exists a unique enzootic equilibrium.

- When $\mathcal{R}_0^v = 1$, then $c = 0$, $b > 0$, $I_1^* = 0$ and $I_2^* = -\frac{b}{a} < 0$. Thus there is no positive root.

- When $\mathcal{R}_0^v < 1$, then $c > 0$, which implies that I_1^* and I_2^* have the same sign. We know that $I_1^* + I_2^* = -\frac{b}{a}$ with $a > 0$ and $b > 0$. Thus there is no positive roots.

We deduce the existence of a unique enzootic equilibrium EE_v when $\mathcal{R}_0^v > 1$. Let us also check that $EE_v \in \mathcal{D}_v$. Summing the last four equations in (17), we obtain:

$$(\delta + \mu)I^* + \mu S^* + \mu V^* + \mu R^* = \Pi. \tag{23}$$

Thus, we deduce the two following inequalities:

$$\mu(I^* + S^* + V^* + R^*) \leq \Pi, \quad \text{and} \quad \Pi \leq (\mu + \delta)(I^* + S^* + V^* + R^*) \tag{24}$$

Furthermore, $B^* = \frac{q}{k} I^* \leq \frac{q\Pi}{k\mu}$. We conclude that EE_v belongs to $\mathcal{D}_v$. $\square$

In the following, we discuss the local and global stability of enzootic equilibrium EE_v. Firstly, we consider the local stability of the enzootic equilibrium.

Theorem 3.5. *When $\mathcal{R}_0^v > 1$, EE_v is locally asymptotically stable on $\mathcal{D}_v$.*

Proof. See Appendix B □

In fact, it is possible to go further and to show

Proposition 3.6. *Assume $\mathcal{R}_0^v > 1$. When $\tau > \nu$ ($\tau < \nu$) and $\theta \in [\frac{1}{2}, 1]$ ($\theta \in [0, \frac{1}{2}]$), EE_v is globally asymptotically stable on $\mathcal{D}_v$.*

Proof. See Appendix C □

4. Epidemiological considerations for Malagasy smallholder chicken production systems

4.1. Model calibration

We use parameter values in Table D.1, Appendix D, to compute $\mathcal{R}_0$ and $\mathcal{R}_0^v$. Because of the lack of data for ND, we chose ranges of values for the environmental transmission parameters based on AIV studies. We used several orders of magnitude for αq given by Breban et al. (2009) to plot variation of $\mathcal{R}_0^v$ on the logarithmic scale (Figures 4, 5, and 6).

Figure 4 illustrates that even with perfect vaccination (i.e. all the vaccinated chickens are protected against ND), we have to set τ (daily vaccination rate in susceptible chickens) to a very large value to bring $\mathcal{R}_0^v$ under the unit. In this case, we set $p = 0$ and $\theta = 1$ (i.e. vaccination is fully successful and all newly recruited chickens are vaccinated), and $\tau = 0.0006$, 0.004, 0.008, 0.03, 0.05, and 0.09. The value $\tau = 0.0006$ corresponds to current practices in Madagascar. Indeed, for financial reasons, most poultry farmers vaccinate 20% of the flock at the most, reserving vaccine for adult hens (Koko et al., 2006). With these practices, $\mathcal{R}_0^v$ decreases but remains greater than the unit even when the viral shedding per infected individual and the exposure rate

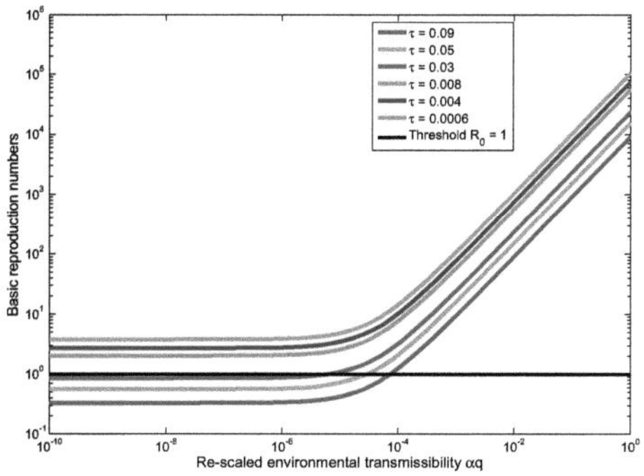

Figure 4: Basic reproduction number with imperfect vaccination ($\mathcal{R}_0^v$) vs. re-scaled environment transmissibility (αq) with varying daily vaccination rate in suceptible chickens (τ) on the logarithmic scale

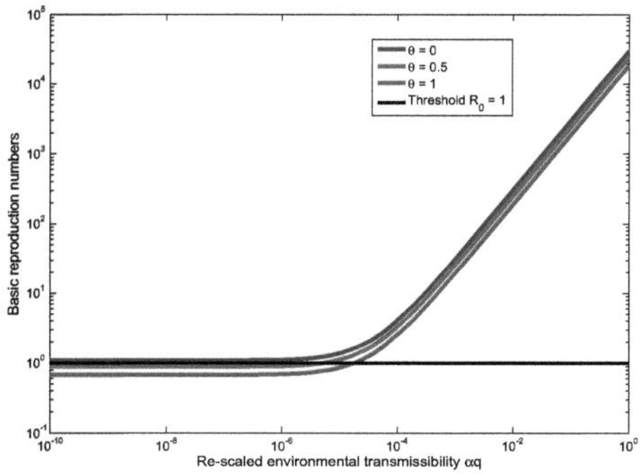

Figure 5: Basic reproduction number with imperfect vaccination ($\mathcal{R}_0^v$) vs. re-scaled environment transmissibility (αq) with varying daily vaccination rate in newly-recruited chickens (θ) on the logarithmic scale

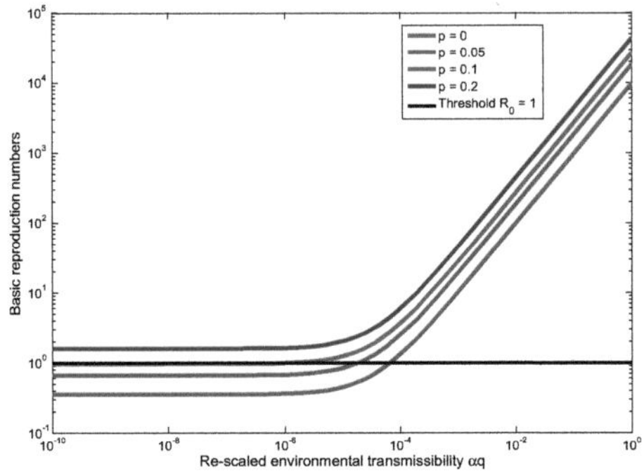

Figure 6: Basic reproduction number with imperfect vaccination ($\mathcal{R}_0^v$) vs. re-scaled environment transmissibility (αq) with varying vaccination failure (p) on the logarithmic scale

to NDV in the environment are low. This is probably the reason why NDV outbreaks are still observed in most field conditions in Madagascar, even when chickens are partially vaccinated. With $\tau \geq 0.03$, $\mathcal{R}_0^v$ may be brought below the unit. The values $\tau = 0.03, 0.05, 0.09$ represent a vaccination rate of 60%, 80%, 95%, respectively.

Figure 5 shows θ values do not have a great effect on $\mathcal{R}_0^v$ if we set $p = 0$, $\tau = 0.04$, and θ =0, 0.5, and 1, respectively.

Indeed, vaccination failure rate (p) has a great effect on $\mathcal{R}_0^v$ as shown on Fig. 6 where we set p = 0, 0.05, 0.1, and 0.2, together with $\tau = 0.09$ and $\theta = 0.9$. To keep $\mathcal{R}_0^v < 1$, vaccination should have a great effectiveness, higher then 90%. Furthermore plots show there is a critical value of αq_c: if $\alpha q > \alpha q_c \approx 10^{-4}$ we cannot decrease $\mathcal{R}_0^v$ below the unit with the single vaccination approach.

4.2. Epidemiological assessment of vaccination and other controm measures

The $SIRB$ model of NDV transmission in Malagasy smallholder chicken farms has a globally-stable DFE whenever $\mathcal{R}_0 \leq 1$, and a unique globally-stable EE whenever $\mathcal{R}_0 \geq 1$. Because the compact $\mathcal{D}$ is attractive, NDV might theoretically be eradicated from the chicken population using vaccination ($\mathcal{R}_0^v < 1$), independently of the initial sizes of the chicken sub-populations (S, I, R, V). Indeed, DFE is globally asymptotically stable when $\mathcal{R}_0^v < 1$.

Considering the expression:

$$\mathcal{R}_0 = \frac{\Pi(\alpha\frac{q}{k} + \beta)}{\mu(\sigma + \delta + \mu)}$$

two major parameters might bring $\mathcal{R}_0$ below 1: α (indirect transmission rate) and β (direct transmission rate). Other model parameters are related to virus / disease features, and to chicken birth, natural mortality and off-take rates which are out of control in the frame of this study. Direct transmission can be limited or avoided with efficient vaccination; indirect transmission can be stopped by preventing contacts between healthy birds and infected environment.

Regarding α, good poultry-health management practices such as bio-security are essential to guarantee the success of disease control (Marangon and Busani, 2007). The goal of bio-security measures is mostly to prevent NDV entering the village or farm (Alexander, 1995). They include :

- the implementation of quarantine measures before introducing new birds in the farm,

- the application of species separation, e.g. rearing chickens, ducks, and geese in separate buildings for night housing, and conducting them in separate day flocks,
- the protection of chickens from potentially infected environment, i.e. rearing them in closed hen houses.

Unfortunately, in Madagascar smallholder poultry farms health-management practices are far from optimal (Rasamoelina Andriamanivo et al., 2012). For instance, palmipeds and chickens are reared together and share the same rice paddies for feeding. Also, no quarantine measures are applied in most cases before introducing newly purchased animals in farms. No - or weak - other bio-security measures are adopted to prevent virus introduction through possibly infected food or other material, or external workers (poultry traders, animal health workers...): lack of foot-bath at the entrance of farm buildings, lack of training and information for farmers, etc.

Once NDV has been introduced in a chicken flock, mass culling is the only possible measure to stop its within-village spread. Because of the poor socio-economic situation in Madagascar, meager means are attributed to veterinary services thus leading to a lack of financial compensation for farmers after chicken culling. Moreover, delays are met in the observation and notification of NDV outbreaks. Because of the quick NDV spread, large chicken populations are involved in outbreaks when veterinary services are made aware of the epizootic. At last, farmers use to sell their animals as soon as a disease outbreak occur in their farm, to limit their own economic losses (Maminiaina et al., 2007; Rasamoelina Andriamanivo et al., 2012). This practice still reinforces NDV spread.

Udo et al. (2006) used a dynamic deterministic model to assess the impact of different interventions (vaccination, daytime housing, feed supplementation, crossbreeding, control of broodiness) on the dynamics in village poultry flocks. Results showed daytime housing had the strongest effect on increasing flock size, followed by the effect of ND vaccination on the decay of disease mortality. However, poultry day housing is difficult to implement in Malagasy villages without in-depth changes of the whole production system. Therefore, vaccination remains the only possible control measure in this context of free-grazing poultry farming system.

From (13), we know vaccination has a positive impact, but this impact can be very limited for a given $\mathcal{R}_0$. Let us first consider we have an efficient vaccine, i.e. $p = 0$, and all incoming chicken are vaccinated, i.e. $\theta = 1$. Then, using (12), we have

$$\mathcal{R}_0^v = \mathcal{R}_0 \frac{\nu}{\nu + \tau + \mu} < 1$$

if and only if

$$\nu < \frac{\tau + \mu}{\mathcal{R}_0 - 1}$$

With a probable mean value for $\nu = 1/180$ (the immunity decay after vaccination), if $\mathcal{R}_0$ is large, then there is no chance to control the disease. Similarly, we may consider

$$\nu(\mathcal{R}_0 - 1) - \mu < \tau$$

and thus choose a very large τ, i.e. increase the vaccination rate. However, this is difficult in Madagascar. Of course, with $0 < p < 1$, the control is more difficult. Thus, vaccination can be efficient only if $\mathcal{R}_0$, actually greater than one, takes moderate value (e.g., $\mathcal{R}_0 < 10$). Above such a threshold, it is necessary to control the environmental transmission, e.g. reducing the contact between the chicken and the infected environment. Again, this is difficult to achieve in present Malagasy conditions.

In our models, the term αq ("re-scaled environmental transmissibility") causes a large uncertainty in the actual values of $\mathcal{R}_0$ and $\mathcal{R}_0^v$. Indeed, if αq is high enough to keep $\mathcal{R}_0^v > 1$, NDV cannot be eradicated using vaccination alone.

Therefore, to better assess NDV control possibilities, it is crucial to confirm the actual role of indirect NDV transmission. If this role is minor, stringent efforts vaccination should be made to improve NDV vaccination rate. Conversely, if this role is important, significant progress can only be achieved if NDV vaccination is associated with changes in the poultry production systems, at least for chickens which are highly susceptible to NDV.

Large values of $\mathcal{R}_0$ may be observed when environmental transmission occurs. For instance, Rohani et al. (2009) studied the transmission dynamics and persistence of low-pathogenic strains of AIV (LPAIV) in the wild. LPAIV might be excreted by infected birds during several months, and these viruses might survive in the environment over time periods exceeding hosts' life span. Thus LPAIV present in the environment might infect the next host generation. In these conditions, they found that environmental transmission might play a stronger role than previously acknowledged. Therefore, the actual $\mathcal{R}_0$ might be much larger than expected under the direct transmission paradigm, and disease dynamics might be heavily influenced by indirect transmission. However, NDV strains considered in our study are highly pathogenic for chickens, thus causing rapid and high mortality. Presumably, the amount of NDV excreted by infected chickens should be lower than for LPAIV. Also, during the hot season, NDV survival is probably shorter in Madagascar than in temperate countries.

However, vaccination remains important and - by far - the easiest measure to limit the economic effect of ND in chicken farms. However, simulation studies showed high levels of immunity are difficult to sustain in village poultry at the population level (Lesnoff et al., 2009). Therefore, other measures should target the reduction of contacts between healthy chickens, infectious birds and environment. Bio-security (encompassing bio-exclusion and bio-containment) is a major prevention mean (Capua and Marangon, 2006). However, it is difficult to implement in smallholder poultry production systems, where farmers are poorly educated, and technical / financial means are missing to improve poultry housing, feed and health.

Finally, palmipeds (ducks, geese) are abundant in Malagasy smallholder poultry production systems. Because they can be silently infected (no clinical sign) while excreting NDV, they probably play a key role in the persistence of NDV in the environment (Otim Onapa et al., 2006). Also, their production is hampered by other pathogenic agents, such as *Pasteurella multocida*, a bacterium causing fowl cholera (Mbuthia et al., 2008). Palmiped joint vaccination against ND and fowl cholera might be both economically interesting for the farmers, and a way to reduce the source of NDV in the environment.

Acknowledgments

The first author of this paper benefited from a PhD scholarship jointly funded by ANSES and CIRAD. We thank P. Ezanno (UMR ONRIS-INRA BioEpAR, Nantes) for her helpful advices, as well as M. Rakoto and F. Maminiaina (FOFIFA, DRZV, Antananarivo, Madagascar), V. Chevalier (CIRAD, UR AGIRs, Montpellier, France), P. Gil and R. Servan de Almeida (UMR CIRAD-INRA CMAEE 1309, Montpellier, France) for helpful discussions and their participation in the PhD scientific committee.

References

Alders, R., Spradbrow, P., et al., 2001. Controlling Newcastle disease in village chickens: a field manual. Australian Centre for International Agricultural Research (ACIAR).

Alexander, D. J., 1988. Newcastle disease: Methods of spread. Kluwer Academic, 256–272.

Alexander, D. J., 1995. Newcastle disease in countries of the European Union. Avian pathology 24 (1), 3–10.

Alexander, D. J., Mar 2001. Gordon memorial lecture. newcastle disease. Br. Poult. Sci. 42 (1), 5–22.
URL `http://dx.doi.org/10.1080/713655022`

Alexander, D. J., 2008. Manual of Diagnostic Tests and Vaccines for Terrestrial Animals, 6th Edition. Vol. 2.3.14. OIE, Paris, Ch. Newcastle disease, pp. 576–589.

Allan, W., Lancaster, J., Tóth, B., 1978. Newcastle disease vaccines: their production and use. FAO animal production and health series. Food and Agriculture Organization of the United Nations.
URL http://books.google.fr/books?id=EcPwAAAAMAAJ

Anderson, R., May, R., 1991. Infectious diseases of humans: dynamics and control. Oxford University Press.

Anguelov, R., Dumont, Y., Lubuma, J., Mureithi, E., 2013. Stability analysis and dynamics preserving non-standard finite difference schemes for a malaria model. Mathematical Population Studies. 20 (2), 101–122.

Bhatia, N., Szegö, G., 1970. Stability theory of dynamical systems. Vol. 161. Springer Verlag.

Breban, R., Drake, J. M., Rohani, P., Jun 2010. A general multi-strain model with environmental transmission: invasion conditions for the disease-free and endemic states. J. Theor. Biol. 264 (3), 729–736.
URL http://dx.doi.org/10.1016/j.jtbi.2010.03.005

Breban, R., Drake, J. M., Stallknecht, D. E., Rohani, P., Apr 2009. The role of environmental transmission in recurrent avian influenza epidemics. PLoS Comput. Biol. 5 (4), e1000346.
URL http://dx.doi.org/10.1371/journal.pcbi.1000346

Brown, C., King, D. J., Seal, B. S., Mar 1999. Pathogenesis of Newcastle disease in chickens experimentally infected with viruses of different virulence. Vet. Pathol. 36 (2), 125–132.

Cameron, D., Jones, I. G., Jan. 1983. John Snow, the Broad Street Pump and modern epidemiology. Int. J. Epidemiol. 12 (4), 393–396.
URL http://ije.oxfordjournals.org/content/12/4/393.abstract

Capua, I., Marangon, S., Sep 2006. Control of avian influenza in poultry. Emerg. Infect. Dis. 12 (9), 1319–1324.
URL http://dx.doi.org/10.3201/eid1209.060430

Codeço, C. T., 2001. Endemic and epidemic dynamics of cholera: the role of the aquatic reservoir. BMC Infect. Dis. 1, 1.

Codeço, C. T., Lele, S., Pascual, M., Bouma, M., Ko, A. I., Feb 2008. A stochastic model for ecological systems with strong nonlinear response to environmental drivers: application to two water-borne diseases. J. R. Soc. Interface 5 (19), 247–252.
URL http://dx.doi.org/10.1098/rsif.2007.1135

Doyle, T. M., 1927. A hitherto unrecorded disease of fowls due to a filter-passing virus. J Comp Pathol Therapeut 40, 144–169.

Gallili, G. E., Ben-Nathan, D., Mar 1998. Newcastle disease vaccines. Biotechnol Adv 16 (2), 343–366.

Ghosh, M., Chandra, P., Sinha, P., Shukla, J., May 2004. Modelling the spread of carrier-dependent infectious diseases with environmental effect. Applied Mathematics and Computation 152 (2), 385–402.
URL http://www.sciencedirect.com/science/article/pii/S0096300303005642

Gless, G., 1966. Direct method of Liapunov applied to transient power system stability. IEEE Transactions on Power Apparatus and Systems PAS-85 (2), 159–168.

Jensen, M. A., Faruque, S. M., Mekalanos, J. J., Levin, B. R., Mar 2006. Modeling the role of bacteriophage in the control of cholera outbreaks. Proc. Natl. Acad. Sci. U. S. A. 103 (12), 4652–4657.
URL http://dx.doi.org/10.1073/pnas.0600166103

Johnston, J., 1992. Computer modelling to expand our understanding of disease interactions in village chickens. In: Newcastle disease in village chickens, control with thermostable oral vaccines. No. 39 in Proceedings. Kuala Lumpur, Malaysia, pp. 46–55.

King, A. A., Ionides, E. L., Pascual, M., Bouma, M. J., Aug 2008. Inapparent infections and cholera dynamics. Nature 454 (7206), 877–880.
URL http://dx.doi.org/10.1038/nature07084

Kitalyi, A. J., 1998. Village chicken production systems in rural Africa: household food security and gender issues. Vol. 142. Bernan Assoc.

Koko, M., Maminiaina, O., Ravaomanana, J., Rakotonindrina, S., 2006. Impacts de la vaccination anti-maladie de Newcastle et du déparasitage des poussins sous mère sur la productivité de l'aviculture villageoise à Madagascar [Impacts of anti-Newcastle disease vaccination and chicks anti-parasitic treatment on village poultry production in Madagascar]. In: Improving farmyard poultry production in Africa: Interventions and their economic assessment. Proceedings of a final research coordination meeting organized by the Joint FAO/IAEA Division of Nuclear Techniques in Food and Agriculture and held in Vienna, 24–28 May 2004. No. IAEA-TECDOC-1489 in Technical documents. IAEA, Joint FAO/IAEA Division of Nuclear Techniques in Food and Agriculture, Animal Production and Health Section, Vienna (Austria), Vienna (Austria), pp. 125–136.

Korobeinikov, A., Jun 2004. Lyapunov functions and global properties for seir and seis epidemic models. Math. Med. Biol. 21 (2), 75–83.

Korobeinikov, A., Wake, G., Nov. 2002. Lyapunov functions and global stability for SIR, SIRS, and SIS epidemiological models. Applied Mathematics Letters 15 (8), 955–960.
URL http://www.sciencedirect.com/science/article/pii/S0893965902000691

Kraneveld, F. C., 1926. A poultry disease in the Dutch East Indies. Nederlands-Indische Bladen voor Diergeneeskunde 38, 448–450.

Lancaster, J., 1981. Newcastle disease. Pathogenesis and diagnosis. World's Poultry Science Journal 37 (01), 26–33.

LaSalle, J., 1960. Some extensions of Liapunov's second method. IRE Transactions on Circuit Theory 7 (4), 520–527.

Lesnoff, M., Peyre, M., Duarte, P. C., Renard, J.-F., Mariner, J. C., 2009. A simple model for simulating immunity rate dynamics in a tropical free-range poultry population after avian influenza vaccination. Epidemiology & Infection 137 (10), 1405–1413.

Li, M. Y., Graef, J. R., Wang, L., Karsai, J., Sep 1999. Global dynamics of a seir model with varying total population size. Math Biosci 160 (2), 191–213.

Li, X., Chai, T., Wang, Z., Song, C., Cao, H., Liu, J., Zhang, X., Wang, W., Yao, M., Miao, Z., May 2009. Occurrence and transmission of Newcastle disease virus aerosol originating from infected chickens under experimental conditions. Vet. Microbiol. 136 (3-4), 226–232.
URL http://dx.doi.org/10.1016/j.vetmic.2008.11.002

Maminiaina, O. F., Gil, P., Briand, F.-X., Albina, E., Keita, D., Andriamanivo, H. R., Chevalier, V., Lancelot, R., Martinez, D., Rakotondravao, R., Rajaonarison, J.-J., Koko, M., Andriantsimahavandy, A. A., Jestin, V., Servan de Almeida, R., 2010. Newcastle disease virus in Madagascar: identification of an original genotype possibly deriving from a died out ancestor of genotype IV. PLoS One 5 (11), e13987.
URL http://dx.doi.org/10.1371/journal.pone.0013987

Maminiaina, O. F., Koko, M., Ravaomanana, J., Rakotonindrina, S. J., Dec 2007. Épidémiologie de la maladie de Newcastle en aviculture villageoise à Madagascar. [Epidemiology of Newcastle disease in village poultry farming in Madagascar]. Rev. Sci. Tech. 26 (3), 691–700.

Marangon, S., Busani, L., Apr 2007. The use of vaccination in poultry production. Rev. Sci. Tech. 26 (1), 265–274.

Mbuthia, P. G., Njagi, L. W., Nyaga, P. N., Bebora, L. C., Minga, U., Kamundia, J., Olsen, J. E., Feb 2008. Pasteurella multocida in scavenging family chickens and ducks: carrier status, age susceptibility and transmission between species. Avian Pathol 37 (1), 51–57.
URL http://dx.doi.org/10.1080/03079450701784891

Mwasa, A., Tchuenche, J. M., Sep 2011. Mathematical analysis of a cholera model with public health interventions. Biosystems 105 (3), 190–200. URL http://dx.doi.org/10.1016/j.biosystems.2011.04.001

OIE, May 2009. Manual of Standards for Diagnostic Tests and Vaccines, in Manual of Diagnostic Tests and Vaccines for Terrestrial Animals: Mammals, Birds and Bees. Organisation Mondiale de la Santé Animale (OIE), Paris, Ch. Newcastle disease. 2.3.14., pp. 576—589.

Otim Onapa, M., Christensen, H., Mukiibi, G. M., Bisgaard, M., May 2006. A preliminary study of the role of ducks in the transmission of newcastle disease virus to in-contact rural free-range chickens. Trop. Anim. Hlth Prod. 38 (4), 285–289.

Pascual, M., Bouma, M. J., Dobson, A. P., Feb 2002. Cholera and climate: revisiting the quantitative evidence. Microbes Infect. 4 (2), 237–245.

Rasamoelina Andriamanivo, H., Lancelot, R., Maminiaina, O., Rakotondrafara, T., Jourdan, M., Renard, J., Gil, P., Servan de Almeida, R., Albina, E., Martinez, D., Tillard, E., Rakotondravao, R., Chevalier, V., Apr. 2012. Risk factors for avian influenza and Newcastle disease in smallholder farming systems, Madagascar highlands. Prev. Vet. Med. 104 (1–2), 114–124.

Roche, B., Lebarbenchon, C., Gauthier-Clerc, M., Chang, C.-M., Thomas, F., Renaud, F., van der Werf, S., Guégan, J.-F., Sep 2009. Water-borne transmission drives avian influenza dynamics in wild birds: the case of the 2005-2006 epidemics in the Camargue area. Infect. Genet. Evol. 9 (5),

800–805.
URL http://dx.doi.org/10.1016/j.meegid.2009.04.009

Rohani, P., Breban, R., Stallknecht, D. E., Drake, J. M., Jun 2009. Environmental transmission of low pathogenicity avian influenza viruses and its implications for pathogen invasion. Proc. Natl. Acad. Sci. U. S. A. 106 (25), 10365–10369.
URL http://dx.doi.org/10.1073/pnas.0809026106

Samuel, A., Nayak, B., Paldurai, A., Xiao, S., Aplogan, G. L., Awoume, K. A., Webby, R. J., Ducatez, M. F., Collins, P. L., Samal, S. K., Mar 2013. Phylogenetic and pathotypic characterization of newcastle disease viruses circulating in west africa and efficacy of a current vaccine. J Clin Microbiol 51 (3), 771–781.
URL http://dx.doi.org/10.1128/JCM.02750-12

Spradbrow, P., 2001. The epidemiology of Newcastle disease in village chickens. In: Aciar proceedings. ACIAR; 1998, pp. 53–55.

Tu, T., Van Phuc, K., Dinh, N., Quoc, D., Spradbrow, P., 1998. Vietnamese trials with a thermostable Newcastle disease vaccine (strain I2) in experimental and village chickens. Prev. Vet. Med. 34 (2), 205–214.

Udo, H., Asgedom, A., Viets, T., 2006. Modelling the impact of interventions on the dynamics in village poultry systems. Agric. Syst. 88 (2–3), 255 – 269.

Usmani, R. A., 1987. Applied Linear Algebra. Monticello, New York, U.S.A.: Marcel Dekker Inc.

van den Driessche, P., Watmough, J., 2002. Reproduction numbers and sub-threshold endemic equilibria for compartmental models of disease transmission. Math. Biosci. 180, 29–48.

Walter, W., 1970. Differential and Integral Inequalities. New york: Springer-Verlag.

Wang, J., Liao, S., 2012. A generalized cholera model and epidemic-endemic analysis. Journal of Biological Dynamics 6 (2), 568–589.
URL http://dx.doi.org/10.1080/17513758.2012.658089

Zhou, X., Cui, J., 2011. Modeling and stability analysis for a cholera model with vaccination. Mathematical Methods in the Applied Sciences 34 (14), 1711–1724.
URL http://onlinelibrary.wiley.com/doi/10.1002/mma.1477/abstract

Zhou, X.-y., Cui, J.-a., Zhang, Z.-h., Apr. 2012. Global results for a cholera model with imperfect vaccination. Journal of the Franklin Institute 349 (3), 770–791.
URL http://www.sciencedirect.com/science/article/pii/S0016003211002699

Appendix A. Proof Theorem 2.5

To show the GAS property, we consider the following Lyapunov function

$$U(S,I,B) = S^*(\frac{S}{S^*} - \log\frac{S}{S^*}) + I^*(\frac{I}{I^*} - \log\frac{I}{I^*}) + \frac{\alpha(\sigma+\delta+\mu)}{k(\frac{q}{k}\alpha+\beta)}B^*(\frac{B}{B^*} - \log\frac{B}{B^*}) \tag{A.1}$$

Note that $S^* = \frac{\sigma+\delta+\mu}{\frac{q}{k}\alpha+\beta}$. U is continuous, positive, definite on $\overset{o}{\mathcal{D}}$, the interior of $\mathcal{D}$ and satisfies:

$$\frac{\partial U}{\partial S} = 1 - \frac{S^*}{S}, \frac{\partial U}{\partial I} = 1 - \frac{I^*}{I} \text{ and } \frac{\partial U}{\partial B} = \frac{\alpha}{k}S^*(1 - \frac{B^*}{B})$$

Note also that EE $= (S^*, I^*, B^*)$ is the only global minimum of the function $U(S,I,B)$ in $\mathcal{D}$. The derivative of $U(S,I,B)$ along trajectories is given by:

$$\begin{aligned}
\dot{U}(S,I,B) &= \dot{S} - \frac{S^*}{S}\dot{S} + \dot{I} - \frac{I^*}{I}\dot{I} + \frac{\alpha}{k}S^*(\dot{B} - \frac{B^*}{B}\dot{B}) \\
&= (\Pi - (\alpha B + \beta I)S - \mu S) - \frac{S^*}{S}(\Pi - (\alpha B + \beta I)S - \mu S) + ((\alpha B + \beta I)S \\
&\quad -(\sigma+\delta+\mu)I) - \frac{I^*}{I}((\alpha B + \beta I)S - (\sigma+\delta+\mu)I) + \frac{\alpha}{k}S^*((qI - kB) \\
&\quad -\frac{B^*}{B}(qI - kB)) \\
&= \Pi - \mu S - \frac{S^*}{S}(\Pi - (\alpha B + \beta I)S - \mu S) - (\sigma+\delta+\mu)I \\
&\quad -\frac{I^*}{I}((\alpha B + \beta I)S - (\sigma+\delta+\mu)I) + \frac{\alpha}{k}S^*((qI - kB) - \frac{B^*}{B}(qI - kB))
\end{aligned}$$

Using the fact that

$$\begin{cases} \Pi - (\alpha B^* + \beta I^*)S* = \mu S^* \\ (\alpha B^* + \beta I^*)S^* = (\sigma+\delta+\mu)I^* \end{cases}$$

we deduce $\mu S^* + (\sigma+\delta+\mu)I^* = \Pi$, such that

$$\dot{U}(S,I,B) = 2\Pi - \mu S - \frac{S^*}{S}(\Pi - (\alpha B + \beta I)S) - (\sigma+\delta+\mu)I - \frac{I^*}{I}(\alpha B + \beta I)S$$

$$
\begin{aligned}
& +\frac{\alpha}{k}S^*((qI-kB)-\frac{B^*}{B}(qI-kB)) \\
= \; & 2\Pi-\mu S-\frac{S^*}{S}\Pi+\alpha BS^*+\beta IS^*-(\sigma+\delta+\mu)I-\frac{I^*}{I}(\alpha B+\beta I)S \\
& +\frac{\alpha}{k}(qIS^*-kBS^*)-\frac{\alpha}{k}S^*\frac{B^*}{B}(qI-kB) \\
= \; & 2\Pi-\mu S-\frac{S^*}{S}\Pi+\beta IS^*-(\sigma+\delta+\mu)I-\frac{I^*}{I}(\alpha B+\beta I)S+\frac{\alpha}{k}qIS^* \\
& -\frac{\alpha}{k}S^*\frac{B^*}{B}(qI-kB) \\
= \; & 2\Pi-\mu S-\frac{S^*}{S}\Pi-\frac{I^*}{I}(\alpha B+\beta I)S-\frac{\alpha}{k}S^*\frac{B^*}{B}(qI-kB) \\
& +(\beta S^*+\frac{\alpha}{k}qS^*-(\sigma+\delta+\mu))
\end{aligned}
$$

1 Since $S^*=\frac{\sigma+\delta+\mu}{\frac{q}{k}\alpha+\beta}$, then $\beta S^*+\frac{\alpha}{k}qS^*-(\sigma+\delta+\mu)=0$. Thus

$$
\begin{aligned}
\dot{U}(B,I) &= 2\Pi-\mu S-\frac{S^*}{S}\Pi-\frac{I^*}{I}(\alpha B+\beta I)S-\frac{\alpha}{k}S^*\frac{B^*}{B}(qI-kB) && \text{(A.2)} \\
&= 2\Pi-\mu S-\Pi\frac{S^*}{S}-\alpha\frac{q^2}{k^2}SI^*\frac{B}{I}-\beta SI^*-\alpha S^*I^*\frac{I}{B}+\alpha\frac{q}{k}S^*I^* && \text{(A.3)}
\end{aligned}
$$

Now, using the fact that $\Pi-(\alpha B^*+\beta I^*)S^*-\mu S^*=0$, $B^*=\frac{q}{k}I^*$, and $S^*>0$, we deduce

$$
-\beta I^*S-\mu S=\alpha\frac{q}{k}I^*S-\Pi\frac{S}{S^*}.
$$

2 Using the previous relationship in (A.3) leads to

$$
\begin{aligned}
\dot{U}(S,I,B) &= 2\Pi-\Pi\frac{S}{S^*}-\Pi\frac{S^*}{S}-\alpha\frac{q^2}{k^2}SI^*\frac{B}{I}+\alpha\frac{q}{k}SI^*+\alpha\frac{q}{k}S^*I^*-\alpha S^*I^*\frac{I}{B} \\
&= -\Pi(\frac{S}{S^*}+\frac{S^*}{S}-2)-\alpha\frac{q}{k}S^*I^*(\frac{kI}{qB}-1)-\alpha\frac{q^2}{k^2}SI^*\frac{B}{I}+\alpha\frac{q}{k}SI^* \\
&= -\Pi(\frac{S}{S^*}+\frac{S^*}{S}-2)-\alpha\frac{q}{k}S^*I^*(\frac{kI}{qB}-1+\frac{S}{S^*}\frac{qB}{kI}-\frac{S}{S^*}) \\
&= -\Pi(\frac{S}{S^*}+\frac{S^*}{S}-2)-\alpha\frac{q}{k}S^*I^*(\frac{kI}{qB}-1+\frac{S}{S^*}\frac{qB}{kI}-\frac{S}{S^*}-2+2-\frac{S^*}{S}+\frac{S^*}{S}) \\
&= (\alpha\frac{q}{k}S^*I^*-\Pi)(\frac{S}{S^*}+\frac{S^*}{S}-2)-\alpha\frac{q}{k}S^*I^*(\frac{kI}{qB}+\frac{S}{S^*}\frac{qB}{kI}+\frac{S^*}{S}-3)
\end{aligned}
$$

Let us examine the sign of $\alpha\frac{q}{k}S^*I^* - \Pi$:

$$\begin{aligned}
\alpha\frac{q}{k}S^*I^* - \Pi &= \alpha\frac{q}{k}S^*(\frac{\Pi}{\mu} - S^*)\frac{\mu}{\sigma+\delta+\mu} - \Pi \\
&\leq (\alpha\frac{q}{k} + \beta)S^*(\frac{\Pi}{\mu} - S^*)\frac{\mu}{\sigma+\delta+\mu} - \Pi \\
&= \mu(\frac{\Pi}{\mu} - S^*) - \Pi \\
&= -\mu S^* < 0.
\end{aligned}$$

Then, using the well known following inequalities

$$\begin{cases} \dfrac{S}{S^*} + \dfrac{S^*}{S} - 2 \geq 0, \\ \\ \dfrac{kI}{qB} + \dfrac{S}{S^*}\dfrac{qB}{kI} + \dfrac{S^*}{S} - 3 \geq 0, \end{cases} \tag{A.4}$$

we can conclude $\dot{U}(S, I, B) \leq 0$ on $\overset{o}{\mathcal{D}}$. On this set, we have

$$\dot{U}(S, I, B) = (\alpha\frac{q}{k}S^*I^* - \Pi)(\frac{S}{S^*} + \frac{S^*}{S} - 2) - \alpha\frac{q}{k}S^*I^*(\frac{kI}{qB} + \frac{S}{S^*}\frac{qB}{kI} + \frac{S^*}{S} - 3)$$

Setting

$$A_1 = \frac{S}{S^*} + \frac{S^*}{S} - 2,$$
$$A_2 = \frac{kI}{qB} + \frac{S}{S^*}\frac{qB}{kI} + \frac{S^*}{S} - 3,$$

we deduce that

$$\dot{U}(S, I, B) \Longleftrightarrow (A_1 = A_2 = 0) \Longleftrightarrow (S = S^*, I = I^*, B = B^*)$$

Furthermore the largest invariant set contained in the set $\left\{(S, I, B) \in \overset{o}{\mathcal{D}} / \dot{U}(S, I, B) = 0\right\}$ is reduced to the enzootic equilibrium EE. Thus, by LaSalle's principle, EE is globally asymptotically stable.

Appendix B. Proof Theorem 3.5

We compute the Jacobian of system (9) at EE_v.

$$J_{EE_v} =$$
$$\begin{pmatrix} -(\alpha B^* + \beta I^*) - (\mu + \tau) & \nu & -\beta S^* & -\alpha S^* \\ \tau & -p(\alpha B^* + \beta I^*) - (\mu + \nu) & -p\beta V^* & -p\alpha V^* \\ \alpha B^* + \beta I^* & p(\alpha B^* + \beta I^*) & \beta(S^* + pV^*) - (\sigma + \delta + \mu) & \alpha(S^* + pV^*) \\ & 0 & q & -k \end{pmatrix}$$

We prove that the matrix J_{EE_v} is stable, namely, all its eigenvalues have negative real parts. This is routinely done by verifying the Routh-Hurwitz conditions. Since the explicit coordinates of EE_v are not available, verification of the inequalities in the Routh-Hurwitz conditions for J_{EE_v} is difficult. We use the following Lemma (Li et al., 1999):

Lemma Appendix B.1. *(Li et al., 1999) Let M be an $n \times n$ matrix with real entries. For M to be stable, it is necessary and sufficient that*
(1) The second compound matrix $M^{[2]}$ of M is stable.
(2) $(-1)^n detM > 0$.

The second additive compound matrix of J_{EE_v} is

$$J^{[2]}_{EE_v} =$$
$$\begin{pmatrix} j_{11} & -p\beta V^* & -p\alpha V^* & \beta S^* & \alpha S^* & 0 \\ p(\alpha B^* + \beta I^*) & j_{22} & \alpha(S^* + pV^*) & \nu & 0 & \alpha S^* \\ 0 & q & j_{33} & 0 & \nu & -\beta S^* \\ -(\alpha B^* + \beta I^*) & \tau & 0 & j_{44} & \alpha(S^* + pV^*) & p\alpha V^* \\ 0 & 0 & \tau & q & j_{55} & -p\beta V^* \\ 0 & 0 & (\alpha B^* + \beta I^*) & 0 & p(\alpha B^* + \beta I^*) & j_{66} \end{pmatrix}$$

where

$$
\begin{aligned}
j_{11} &= -[(1+p)(\alpha B^* + \beta I^*) + 2\mu + \nu + \tau] \\
j_{22} &= -(\alpha B^* + \beta I^*) - (\mu + \tau) + \beta(S^* + pV^*) - (\sigma + \delta + \mu) \\
j_{33} &= -(\alpha B^* + \beta I^*) - (\mu + \tau) - k \\
j_{44} &= -p(\alpha B^* + \beta I^*) - (\mu + \nu) + \beta(S^* + pV^*) - (\sigma + \delta + \mu) \\
j_{55} &= -p(\alpha B^* + \beta I^*) - (\mu + \nu) - k \\
j_{66} &= \beta(S^* + pV^*) - (\sigma + \delta + \mu) - k
\end{aligned}
$$

At the enzootic equilibrium EE_v, using Gersgorin discs we show that $J^{[2]}_{EE_v}$ is stable if it is diagonally dominant in rows (Usmani, 1987).

Let $j = max\,\{j_{11}, j_{22}, j_{33}, j_{44}, j_{55}, j_{66}\}$. Obviously $j_{11}, j_{33}, j_{55} < 0$.

Using

$$
\begin{cases}
qI^* - kB^* = 0 \\
(\alpha B^* + \beta I^*)(pV^* + S^*) - (\sigma + \delta + \mu)I^* = 0
\end{cases}
$$

we deduce

$$
\left((\alpha \frac{q}{k} + \beta)(pV^* + S^*) - (\sigma + \delta + \mu)\right) I^* = 0
$$

Since $I^* \neq 0$ then $(\alpha \frac{q}{k} + \beta)(pV^* + S^*) - (\sigma + \delta + \mu) = 0$. Then $\beta(pV^* + S^*) - (\sigma + \delta + \mu) = -\alpha \frac{q}{k}(pV^* + S^*)$. Thus, $j_{22}, j_{44}, j_{66} < 0$. Finally $j < 0$.

We also obtain

$$
\begin{aligned}
detJ_{EE_v} &= -q[-\alpha S^* \Delta_1 + p\alpha V^* \Delta_2 + \alpha(S^* + pV^*)\Delta_3] \\
&\quad -k[-\beta S^* \Delta_1 + p\beta V^* \Delta_2 + (\beta(S^* + pV^*) - (\sigma + \delta + \mu))\Delta_3]
\end{aligned}
$$

Where

$$
\Delta_1 = (\alpha B^* + \beta I^*)[p(\alpha B^* + \beta I^*) + \mu + \nu + \tau p]
$$

$$\Delta_2 = (\alpha B^* + \beta I^*)[p(\alpha B^* + \beta I^* + \mu + \tau) - \nu]$$
$$\Delta_3 = (\alpha B^* + \beta I^* + \mu + \tau)[p(\alpha B^* + \beta I^*) + \mu + \nu] - \tau\nu$$

Then

$$detJ_{EE_v} = (\alpha q + \beta k)(S^*\Delta_1 - pV^*\Delta_2) - \Delta_3[\alpha q(S^* + pV^*) + k(\beta(S^* + pV^*) - (\sigma + \delta + \mu))]$$

From the enzootic equilibrium equalities

$$\alpha q(S^* + pV^*) + k\beta(S^* + pV^*) - k(\sigma + \delta + \mu) = 0$$

Then

$$\begin{aligned} detJ_{EE_v} &= (\alpha q + \beta k)(S^*\Delta_1 - pV^*\Delta_2) \\ &= (\alpha q + \beta k)(\alpha B^* + \beta I^*)[(p(\alpha B^* + \beta I^*) + p\tau + \nu)(S^* + pV^*) + \mu(S^* + p^2V^*)] \end{aligned}$$

Hence, $detJ_{EE_v} > 0$. Therefore, the conditions of Lemma Appendix B.1 are satisfied and the enzootic equilibrium EE_v is locally asymptotically stable. This completes the proof.

Appendix C. Proof Proposition 3.6

We consider the Lyapunov function

$$\begin{aligned} U(S, I, B) &= S^*(\frac{S}{S^*} - \log\frac{S}{S^*}) + I^*(\frac{I}{I^*} - \log\frac{I}{I^*}) + V^*(\frac{V}{V^*} - \log\frac{V}{V^*}) \\ &\quad + \frac{\alpha}{k}(pV^* + S^*)B^*(\frac{B}{B^*} - \log\frac{B}{B^*}) \end{aligned}$$

U is continuous, positive, definite on $\overset{o}{\mathcal{D}}$ and such that the enzootic equilibrium state $EE_v = (S^*, I^*, V^*, B^*)$ is the only global minimum of the function

$U(S,I,V,B)$ in $\mathcal{D}$. The derivative of $U(S,I,V,B)$ along the trajectories is given by:

$$\begin{aligned}
\dot{U}(S,I,V,B) &= \dot{S} - \frac{S^*}{S}\dot{S} + \dot{I} - \frac{I^*}{I}\dot{I} + \dot{V} - \frac{V^*}{V}\dot{V} + \frac{\alpha}{k}(pV^* + S^*)(\dot{B} - \frac{B^*}{B}\dot{B}) \\
&= ((1-\theta)\Pi - (\alpha B + \beta I)S + \nu V - (\mu+\tau)S) - \frac{S^*}{S}((1-\theta)\Pi - (\alpha B + \beta I)S \\
&\quad +\nu V - (\mu+\tau)S) + ((\alpha B + \beta I)(pV + S) - (\sigma + \delta + \mu)I) \\
&\quad -\frac{I^*}{I}((\alpha B + \beta I)(pV + S) - (\sigma + \delta + \mu)I) \\
&\quad +(\theta\Pi + \tau S - p(\alpha B + \beta I)V - (\mu + \nu)V) \\
&\quad -\frac{V^*}{V}(\theta\Pi + \tau S - p(\alpha B + \beta I)V - (\mu + \nu)V) \\
&\quad +\frac{\alpha}{k}(pV^* + S^*)((qI - kB) - \frac{B^*}{B}(qI - kB)) \\
&= \Pi - \mu S - \mu V - (\sigma + \delta + \mu)I - \frac{S^*}{S}((1-\theta)\Pi - (\alpha B + \beta I)S + \nu V - (\mu+\tau)S) \\
&\quad -\frac{I^*}{I}((\alpha B + \beta I)(pV + S) - (\sigma + \delta + \mu)I) \\
&\quad -\frac{V^*}{V}(\theta\Pi + \tau S - p(\alpha B + \beta I)V - (\mu + \nu)V) \\
&\quad +\frac{\alpha}{k}(pV^* + S^*)((qI - kB) - \frac{B^*}{B}(qI - kB))
\end{aligned}$$

The enzootic equilibrium verifies the following useful equalities

$$\begin{cases}
B^* = \frac{q}{k}I^*, \\
(\alpha B^* + \beta I^*)(pV^* + S^*) = (\sigma + \delta + \mu)I^* \\
(1-\theta)\Pi - (\alpha B^* + \beta I^*)S^* + \nu V^* = (\mu + \tau)S^* \\
\theta\Pi + \tau S^* - p(\alpha B^* + \beta I^*)V^* = (\mu + \nu)V^*
\end{cases} \tag{C.1}$$

Then, $(\mu+\tau)S^* + (\mu+\nu)V^* + (\sigma+\delta+\mu)I^* = \Pi + \nu V^* + \tau S^*$ Thus, we have:

$$\begin{aligned}
\dot{U}(S,I,V,B) &= 2\Pi - \mu S - \mu V - (\sigma + \delta + \mu)I + \nu V^* + \tau S^* \\
&\quad -\frac{S^*}{S}((1-\theta)\Pi - (\alpha B + \beta I)S + \nu V)
\end{aligned}$$

$$
\begin{aligned}
& -\frac{I^*}{I}(\alpha B+\beta I)(pV+S)-\frac{V^*}{V}(\theta\Pi+\tau S-p(\alpha B+\beta I)V) \\
& +\frac{\alpha}{k}(pV^*+S^*)(qI-kB)(1-\frac{B^*}{B}) \\
= \; & 2\Pi-\mu S-\mu V-(\sigma+\delta+\mu)I+\nu V^*+\tau S^*-(1-\theta)\Pi\frac{S^*}{S}+\alpha BS^*+\beta IS^* \\
& -\nu V\frac{S^*}{S}-\frac{I^*}{I}(\alpha B+\beta I)(pV+S)-\theta\Pi\frac{V^*}{V}-\tau S\frac{V^*}{V}+p\alpha BV^*+p\beta IV^* \\
& +q\frac{\alpha}{k}(pV^*+S^*)I-\alpha(pV^*+S^*)B-\frac{\alpha}{k}(pV^*+S^*)(qI-kB)\frac{B^*}{B} \\
= \; & 2\Pi-\mu S-\mu V-(\sigma+\delta+\mu)I+\nu V^*+\tau S^*-(1-\theta)\Pi\frac{S^*}{S}+\beta IS^*-\nu V\frac{S^*}{S} \\
& -\frac{I^*}{I}(\alpha B+\beta I)(pV+S)-\theta\Pi\frac{V^*}{V}-\tau S\frac{V^*}{V}+p\beta IV^*+q\frac{\alpha}{k}(pV^*+S^*)I \\
& -\frac{\alpha}{k}(pV^*+S^*)(qI-kB)\frac{B^*}{B} \\
= \; & 2\Pi-\mu S-\mu V+\nu V^*+\tau S^*-(1-\theta)\Pi\frac{S^*}{S}-\nu V\frac{S^*}{S}-\frac{I^*}{I}(\alpha B+\beta I)(pV+S) \\
& -\theta\Pi\frac{V^*}{V}-\tau S\frac{V^*}{V}-\frac{\alpha}{k}(pV^*+S^*)(qI-kB)\frac{B^*}{B} \\
& +I((\beta+q\frac{\alpha}{k})(pV^*+S^*)-(\sigma+\delta+\mu))
\end{aligned}
$$

Using

$$
\begin{cases} qI^*-kB^*=0 \\ (\alpha B^*+\beta I^*)(pV^*+S^*)-(\sigma+\delta+\mu)I^*=0 \end{cases}
$$

we deduce

$$
\left((\alpha\frac{q}{k}+\beta)(pV^*+S^*)-(\sigma+\delta+\mu)\right)I^*=0
$$

Since $I^*\neq 0$ then $(\alpha\frac{q}{k}+\beta)(pV^*+S^*)-(\sigma+\delta+\mu)=0$. Then

$$
\begin{aligned}
\dot{U}(S,I,V,B) \; = \; & 2\Pi-\mu S-\mu V+\nu V^*+\tau S^*-(1-\theta)\Pi\frac{S^*}{S}-\nu V\frac{S^*}{S}-\frac{I^*}{I} \\
& (\alpha B+\beta I)(pV+S)\; -\theta\Pi\frac{V^*}{V}-\tau S\frac{V^*}{V}-\frac{\alpha}{k}(pV^*+S^*)(qI-kB)\frac{B^*}{B} \\
= \; & 2\Pi-\mu S-\mu V+\nu V^*+\tau S^*-\Pi\frac{S^*}{S} \\
& +\theta\Pi\frac{S^*}{S}-\nu V\frac{S^*}{S}-\frac{I^*}{I}(\alpha B+\beta I)(pV+S)
\end{aligned}
$$

$$-\theta\Pi\frac{V^*}{V} - \tau S\frac{V^*}{V} - \frac{\alpha}{k}(pV^* + S^*)(qI - kB)\frac{B^*}{B}$$

Now considering equations $(C.1)_3$ and $(C.1)_4$, with $(C.1)_1$, lead to

$$\begin{cases} (1-\theta)\Pi - (\alpha\frac{q}{k} + \beta)I^*S^* + \nu V^* - (\mu+\tau)S^* = 0 \\ \theta\Pi + \tau S^* - p(\alpha\frac{q}{k} + \beta)I^*V^* - (\mu+\nu)V^* = 0 \end{cases}$$

Then

$$\begin{cases} (1-\theta)\Pi - \alpha\frac{q}{k}I^*S^* - \beta I^*S^* + \nu V^* - \mu S^* - \tau S^* = 0 \\ \theta\Pi + \tau S^* - p\alpha\frac{q}{k}I^*V^* - p\beta I^*V^* - \mu V^* - \nu V^* = 0 \end{cases}$$

Since $S^* > 0$ and $V^* > 0$ we obtain

$$\begin{cases} \frac{S}{S^*}[(1-\theta)\Pi - \alpha\frac{q}{k}I^*S^* - \beta I^*S^* + \nu V^* - \mu S^* - \tau S^*] = 0 \\ \frac{V}{V^*}[\theta\Pi + \tau S^* - p\alpha\frac{q}{k}I^*V^* - p\beta I^*V^* - \mu V^* - \nu V^*] = 0 \end{cases}$$

Then

$$\begin{cases} (1-\theta)\Pi\frac{S}{S^*} - \alpha\frac{q}{k}I^*S - \beta I^*S + \nu V^*\frac{S}{S^*} - \mu S - \tau S = 0 \\ \theta\Pi\frac{V}{V^*} + \tau S^*\frac{V}{V^*} - p\alpha\frac{q}{k}I^*V - p\beta I^*V - \mu V - \nu V = 0 \end{cases}$$

Hence

$$\begin{cases} \alpha\frac{q}{k}I^*S - (1-\theta)\Pi\frac{S}{S^*} - \nu V^*\frac{S}{S^*} + \tau S = -\mu S - \beta I^*S \\ p\alpha\frac{q}{k}I^*V - \theta\Pi\frac{V}{V^*} - \tau S^*\frac{V}{V^*} + \nu V = -\mu V - p\beta I^*V \end{cases}$$

Finally

$$\begin{aligned} -\mu S - \mu V - \beta I^*(pV + S) &= \alpha\frac{q}{k}I^*S - (1-\theta)\Pi\frac{S}{S^*} - \nu V^*\frac{S}{S^*} + \tau S + p\alpha\frac{q}{k}I^*V - \theta\Pi\frac{V}{V^*} \\ &\quad -\tau S^*\frac{V}{V^*} + \nu V. \end{aligned}$$

Then we take the equation:

$$\begin{aligned}
\dot U(S,I,V,B) &= 2\Pi - \mu S - \mu V + \nu V^* + \tau S^* - \Pi\frac{S^*}{S} + \theta\Pi\frac{S^*}{S} - \nu V\frac{S^*}{S} - \frac{I^*}{I} \\
(\alpha B+\beta I)(pV+S) & -\theta\Pi\frac{V^*}{V} - \tau S\frac{V^*}{V} - \frac{\alpha}{k}(pV^*+S^*)(qI-kB)\frac{B^*}{B} \\
&= 2\Pi + \nu V^* + \tau S^* - \Pi\frac{S^*}{S} + \theta\Pi\frac{S^*}{S} - \nu V\frac{S^*}{S} - \alpha B(pV+S)\frac{I^*}{I} - \theta\Pi\frac{V^*}{V} - \tau S\frac{V^*}{V} \\
&\quad -\frac{\alpha}{k}(pV^*+S^*)(qI-kB)\frac{B^*}{B} + \alpha\frac{q}{k}I^*(S+pV) - \Pi\frac{S}{S^*} + \theta\Pi\frac{S}{S^*} - \nu V^*\frac{S}{S^*} + \tau S \\
&\quad -\theta\Pi\frac{V}{V^*} - \tau S^*\frac{V}{V^*} + \nu V.
\end{aligned}$$

Using $(C.1)_1$, we have

$$\begin{aligned}
\frac{\alpha}{k}(pV^*+S^*)(qI-kB)\frac{B^*}{B} &= \frac{\alpha q}{k^2}(pV^*+S^*)(qI-kB)\frac{I^*}{B} \\
&= \frac{\alpha q^2}{k^2}(pV^*+S^*)I^*\frac{I}{B} - \frac{\alpha q}{k}(pV^*+S^*)I^*.
\end{aligned}$$

Then, we deduce

$$\begin{aligned}
\dot U(S,I,V,B) &= 2\Pi + \nu V^* + \tau S^* - \Pi\frac{S^*}{S} + \theta\Pi\frac{S^*}{S} - \nu V\frac{S^*}{S} - \alpha B(pV+S)\frac{I^*}{I} - \theta\Pi\frac{V^*}{V} - \tau S\frac{V^*}{V} \\
&\quad -\frac{\alpha}{k}(pV^*+S^*)(qI-kB)\frac{B^*}{B} + \alpha\frac{q}{k}I^*(S+pV) - \Pi\frac{S}{S^*} + \theta\Pi\frac{S}{S^*} - \nu V^*\frac{S}{S^*} + \tau S \\
&\quad -\theta\Pi\frac{V}{V^*} - \tau S^*\frac{V}{V^*} + \nu V \\
&= 2\Pi + \nu V^* + \tau S^* - \Pi\frac{S^*}{S} + \theta\Pi\frac{S^*}{S} - \nu V\frac{S^*}{S} - \alpha B(pV+S)\frac{I^*}{I} - \theta\Pi\frac{V^*}{V} - \tau S\frac{V^*}{V} \\
&\quad +\alpha\frac{q}{k}I^*(S+pV) - \Pi\frac{S}{S^*} + \theta\Pi\frac{S}{S^*} - \nu V^*\frac{S}{S^*} + \tau S - \theta\Pi\frac{V}{V^*} - \tau S^*\frac{V}{V^*} + \nu V \\
&\quad -\frac{\alpha q^2}{k^2}(pV^*+S^*)I^*\frac{I}{B} + \frac{\alpha q}{k}(pV^*+S^*)I^* \\
&= \Pi(2 - \frac{S^*}{S} - \frac{S}{S^*}) - \theta\Pi(2 - \frac{S^*}{S} - \frac{S}{S^*}) + \theta\Pi(2 - \frac{V^*}{V} - \frac{V}{V^*}) + \nu V^* + \tau S^* + \nu V \\
&\quad +\tau S - \nu V\frac{S^*}{S} - \tau S\frac{V^*}{V} - \tau S^*\frac{V}{V^*} - \nu V^*\frac{S}{S^*} - \frac{\alpha q}{k}(pV^*+S^*)I^*(\frac{qI}{kB} - 1) \\
&\quad -\alpha(pV+S)I^*\frac{B}{I} + \alpha\frac{q}{k}I^*(S+pV)
\end{aligned}$$

$$
\begin{aligned}
= \; & \Pi(2-\frac{S^*}{S}-\frac{S}{S^*})-\theta\Pi(2-\frac{S^*}{S}-\frac{S}{S^*})+\theta\Pi(2-\frac{V^*}{V}-\frac{V}{V^*})+\nu V^*+\tau S^*+\nu V \\
& +\tau S-\nu V\frac{S^*}{S}-\tau S\frac{V^*}{V}-\tau S^*\frac{V}{V^*}-\nu V^*\frac{S}{S^*}-\frac{\alpha q}{k}S^*I^*(\frac{qI}{kB}-1) \\
& -\frac{\alpha q}{k}pV^*I^*(\frac{qI}{kB}-1)-\alpha SI^*\frac{B}{I}-\alpha pVI^*\frac{B}{I}+\alpha\frac{q}{k}I^*S+\alpha\frac{q}{k}I^*pV \\
= \; & (1-\theta)\Pi(2-\frac{S^*}{S}-\frac{S}{S^*})+\theta\Pi(2-\frac{V^*}{V}-\frac{V}{V^*})+\nu V^*+\tau S^*+\nu V+\tau S-\nu V\frac{S^*}{S} \\
& -\tau S\frac{V^*}{V}-\tau S^*\frac{V}{V^*}-\nu V^*\frac{S}{S^*}+\alpha\frac{q}{k}S^*I^*(1-\frac{qI}{kB}-\frac{S}{S^*}\frac{kB}{qI}+\frac{S}{S^*}) \\
& +\alpha\frac{q}{k}pV^*I^*(1-\frac{qI}{kB}-\frac{V}{V^*}\frac{kB}{qI}+\frac{V}{V^*}) \\
= \; & (1-\theta)\Pi(2-\frac{S^*}{S}-\frac{S}{S^*})+\theta\Pi(2-\frac{V^*}{V}-\frac{V}{V^*})+\nu V^*+\tau S^*+\nu V+\tau S-\nu V\frac{S^*}{S} \\
& -\tau S\frac{V^*}{V}-\tau S^*\frac{V}{V^*}-\nu V^*\frac{S}{S^*}+\alpha\frac{q}{k}S^*I^*(1-\frac{qI}{kB}-\frac{S}{S^*}\frac{kB}{qI}+\frac{S}{S^*}-2+2-\frac{S^*}{S} \\
& +\frac{S^*}{S})+\alpha\frac{q}{k}pV^*I^*(1-\frac{qI}{kB}-\frac{V}{V^*}\frac{kB}{qI}+\frac{V}{V^*}-2+2-\frac{V^*}{V}+\frac{V^*}{V}) \\
= \; & (1-\theta)\Pi(2-\frac{S^*}{S}-\frac{S}{S^*})+\theta\Pi(2-\frac{V^*}{V}-\frac{V}{V^*})+\nu V^*+\tau S^*+\nu V+\tau S-\nu V\frac{S^*}{S} \\
& -\tau S\frac{V^*}{V}-\tau S^*\frac{V}{V^*}-\nu V^*\frac{S}{S^*}+\alpha\frac{q}{k}S^*I^*(3-\frac{qI}{kB}-\frac{S}{S^*}\frac{kB}{qI}-\frac{S^*}{S}) \\
& -\alpha\frac{q}{k}S^*I^*(2-\frac{S^*}{S}-\frac{S}{S^*})+\alpha\frac{q}{k}pV^*I^*(3-\frac{qI}{kB}-\frac{V}{V^*}\frac{kB}{qI}-\frac{V^*}{V}) \\
& -\alpha\frac{q}{k}pV^*I^*(2-\frac{V^*}{V}-\frac{V}{V^*}) \\
= \; & ((1-\theta)\Pi-\alpha\frac{q}{k}S^*I^*)(2-\frac{S^*}{S}-\frac{S}{S^*})+(\theta\Pi-\alpha\frac{q}{k}pV^*I^*)(2-\frac{V^*}{V}-\frac{V}{V^*}) \\
& +\alpha\frac{q}{k}S^*I^*(3-\frac{qI}{kB}-\frac{S}{S^*}\frac{kB}{qI}-\frac{S^*}{S})+\alpha\frac{q}{k}pV^*I^*(3-\frac{qI}{kB}-\frac{V}{V^*}\frac{kB}{qI}-\frac{V^*}{V}) \\
& +\nu V^*+\tau S^*+\nu V+\tau S-\nu V\frac{S^*}{S}-\tau S\frac{V^*}{V}-\tau S^*\frac{V}{V^*}-\nu V^*\frac{S}{S^*} \\
= \; & ((1-\theta)\Pi-\alpha\frac{q}{k}S^*I^*+\nu V^*)(2-\frac{S^*}{S}-\frac{S}{S^*}) \\
& +(\theta\Pi-\alpha\frac{q}{k}pV^*I^*+\tau S^*)(2-\frac{V^*}{V}-\frac{V}{V^*})
\end{aligned}
$$

$$
\begin{aligned}
& +\alpha\frac{q}{k}S^*I^*(3-\frac{qI}{kB}-\frac{S}{S^*}\frac{kB}{qI}-\frac{S^*}{S})+\alpha\frac{q}{k}pV^*I^*(3-\frac{qI}{kB}-\frac{V}{V^*}\frac{kB}{qI}-\frac{V^*}{V}) \\
& +\tau S^*\frac{V^*}{V}-\tau S\frac{V^*}{V}+\nu V^*\frac{S^*}{S}-\nu V\frac{S^*}{S}+\tau S-\tau S^*+\nu V-\nu V^* \\
= \; & ((1-\theta)\Pi-\alpha\frac{q}{k}S^*I^*+\nu V^*)(2-\frac{S^*}{S}-\frac{S}{S^*}) \\
& +(\theta\Pi-\alpha\frac{q}{k}pV^*I^*+\tau S^*)(2-\frac{V^*}{V}-\frac{V}{V^*}) \\
& +\alpha\frac{q}{k}S^*I^*(3-\frac{qI}{kB}-\frac{S}{S^*}\frac{kB}{qI}-\frac{S^*}{S})+\alpha\frac{q}{k}pV^*I^*(3-\frac{qI}{kB}-\frac{V}{V^*}\frac{kB}{qI}-\frac{V^*}{V}) \\
& -\tau(S-S^*)(\frac{V^*}{V}-1)-\nu(V-V^*)(\frac{S^*}{S}-1)
\end{aligned}
$$

Using again $(C.1)_3$ and $(C.1)_4$, we have

$$
\begin{aligned}
\dot{U}(S,I,V,B) = \; & (\beta I^*S^*+(\mu+\tau)S^*)(2-\frac{S^*}{S}-\frac{S}{S^*})+(p\beta I^*V^*+(\mu+\nu)V^*)(2-\frac{V^*}{V}-\frac{V}{V^*}) \\
& +\alpha\frac{q}{k}S^*I^*(3-\frac{qI}{kB}-\frac{S}{S^*}\frac{kB}{qI}-\frac{S^*}{S})+\alpha\frac{q}{k}pV^*I^*(3-\frac{qI}{kB}-\frac{V}{V^*}\frac{kB}{qI}-\frac{V^*}{V}) \\
& -\tau(S-S^*)(\frac{V^*}{V}-1)-\nu(V-V^*)(\frac{S^*}{S}-1) \\
= \; & \beta I^*S^*(2-\frac{S^*}{S}-\frac{S}{S^*})+p\beta I^*V^*(2-\frac{V^*}{V}-\frac{V}{V^*}) \\
& +\alpha\frac{q}{k}S^*I^*(3-\frac{qI}{kB}-\frac{S}{S^*}\frac{kB}{qI}-\frac{S^*}{S})+\alpha\frac{q}{k}pV^*I^*(3-\frac{qI}{kB}-\frac{V}{V^*}\frac{kB}{qI}-\frac{V^*}{V}) \\
& +(\mu+\tau)S^*(2-\frac{S^*}{S}-\frac{S}{S^*})+(\mu+\nu)V^*(2-\frac{V^*}{V}-\frac{V}{V^*})+\frac{\tau}{V}(S-S^*)(V-V^*) \\
& +\frac{\nu}{S}(V-V^*)(S-S^*) \\
= \; & \beta I^*S^*(2-\frac{S^*}{S}-\frac{S}{S^*})+p\beta I^*V^*(2-\frac{V^*}{V}-\frac{V}{V^*}) \\
& +\alpha\frac{q}{k}S^*I^*(3-\frac{qI}{kB}-\frac{S}{S^*}\frac{kB}{qI}-\frac{S^*}{S}) \\
& +\alpha\frac{q}{k}pV^*I^*(3-\frac{qI}{kB}-\frac{V}{V^*}\frac{kB}{qI}-\frac{V^*}{V})+\frac{(\mu+\tau)}{S}(2SS^*-S^{*2}-S^2) \\
& +\frac{(\mu+\nu)}{V}(2VV^*-V^{*2}-V^2)+\frac{\tau}{V}(S-S^*)(V-V^*)+\frac{\nu}{S}(V-V^*)(S-S^*)
\end{aligned}
$$

$$
\begin{aligned}
= \; & -\beta I^* S^* \left(\frac{S^*}{S} + \frac{S}{S^*} - 2\right) - p\beta I^* V^* \left(\frac{V^*}{V} + \frac{V}{V^*} - 2\right) \\
& -\alpha \frac{q}{k} S^* I^* \left(\frac{qI}{kB} + \frac{S}{S^*}\frac{kB}{qI} + \frac{S^*}{S} - 3 \right) - \alpha \frac{q}{k} p V^* I^* \left(\frac{qI}{kB} + \frac{V}{V^*}\frac{kB}{qI} + \frac{V^*}{V} - 3 \right) \\
& -\frac{(\mu+\tau)}{S}(S-S^*)^2 - \frac{(\mu+\nu)}{V}(V-V^*)^2 + \frac{\tau}{V}(S-S^*)(V-V^*) \\
& +\frac{\nu}{S}(V-V^*)(S-S^*).
\end{aligned}
$$

Using (A.4), we know that the first four terms of the previous equality are negative. It remains to study the last four terms. Let us consider

$$
A = \frac{\tau}{V}(S-S^*)(V-V^*) + \frac{\nu}{S}(V-V^*)(S-S^*) - \frac{(\mu+\tau)}{S}(S-S^*)^2 - \frac{(\mu+\nu)}{V}(V-V^*)^2.
$$

Setting $X = S - S^*$ and $Y = V - V^*$, we have

$$
\begin{aligned}
A \; = \; & \frac{\tau}{Y+V^*}XY + \frac{\nu}{X+S^*}XY - \frac{(\mu+\tau)}{X+S^*}X^2 - \frac{(\mu+\nu)}{Y+V^*}Y^2 \\
= \; & \frac{1}{(X+S^*)(Y+V^*)}[-(\mu+\tau)X^2(Y+V^*) - (\mu+\nu)Y^2(X+S^*) + \tau XY(X+S^*) \\
& +\nu XY(Y+V^*)] \\
= \; & \frac{1}{(X+S^*)(Y+V^*)}\left[-\tau V^* X^2 - \nu S^* Y^2 + (\nu V^* + \tau S^*)XY\right] \\
& + \frac{1}{(X+S^*)(Y+V^*)}\left[-\mu V^* X^2 - \mu S^* Y^2 - \mu X^2 Y - \mu Y^2 X\right] \\
= \; & \frac{-1}{(X+S^*)(Y+V^*)}\left[\tau V^* X^2 + \nu S^* Y^2 - (\nu V^* + \tau S^*)XY\right] \\
& - \frac{\mu}{(X+S^*)(Y+V^*)}\left[VX^2 + SY^2\right]
\end{aligned}
$$

We have to show that

$$
\tau V^* X^2 + \nu S^* Y^2 - (\nu V^* + \tau S^*)XY \geq 0,
$$

which is equivalent to show that there exist a and b such that $\tau V^* X^2 + \nu S^* Y^2 - (\nu V^* + \tau S^*)XY = (aX - bY)^2$. In other words we have to find a

and b that verify

$$\begin{cases} a^2 = \tau V^*, \\ b^2 = \nu S^*, \\ 2ab = \nu V^* + \tau S^*. \end{cases} \tag{C.2}$$

System (C.2) is equivalent to

$$\begin{cases} (a+b)^2 = (\tau + \nu)(V^* + S^*), \\ ab = \dfrac{\nu V^* + \tau S^*}{2}, \end{cases}$$

which is equivalent to solve the following second order equation

$$Z^2 - (a+b)Z + ab = 0.$$

It admits two real positive solutions iff its discriminant, Δ, is positive. We compute

$$\Delta = (a+b)^2 - 4ab = (\tau+\nu)(V^* + S^*) - 2(\nu V^* + \tau S^*) = (\tau - \nu)(V^* - S^*).$$

Using formula (18), we can show that:

- When $\tau > \nu$ and $\theta \in [\frac{1}{2}, 1]$, then $V^* > S^*$.
- When $\tau < \nu$ and $\theta \in [0, \frac{1}{2}]$, then $V^* < S^*$.

For both cases, Δ is positive. Thus a and b exist which involves

$$\tau V^* X^2 + \nu S^* Y^2 - (\nu V^* + \tau S^*)XY \geq 0.$$

Thus, $A < 0$ when $\theta \geq \frac{1}{2}$.

Finally $\dot{U}(S, I, V, B) \leq 0$ when $\theta \geq \frac{1}{2}$ ($\theta \leq \frac{1}{2}$) and $\tau > \nu$ ($\tau < \nu$). Moreover $\dot{U}(S, I, V, B) = 0$ only at EE_v. We conclude with LaSalle's principle.

Appendix D. Model parameters for Newcastle-disease virus transmission

Parameter	Description	Value (day^{-1})	Reference	Comments
Π	Recruitment rate into the susceptible population	2	Koko et al. (2006)	
μ	Natural death rate	0.003	Koko et al. (2006)	Including slaughtering, sales, gifts and mortality caused by predators, others diseases...
δ	NDV-related mortality	0.001	Maminiaina et al. (2007); Koko et al. (2006)	
σ	Recovery rate for chickens	0.2	Johnston (1992)	The infectious period is 5 days.
τ	Constant vaccination rate	0.0006 - 0.09	Expert opinion	
θ	Proportion of newly recruited chickens being vaccinated	0 - 1	Expert opinion	
ν	Immunity decay after vaccination	0.005	Tu et al. (1998)	The vaccine protects for 6 months.
p	Vaccination failure rate	0 - 1	Expert opinion	Failure due to bad vaccination practice.
k	NDV inactivation rate	0.018	Lancaster (1981)	Maximum survival time in the environment: 53 d.
β	Direct transmission rate	0.002	Johnston (1992)	
αq	Re-scaled environmental transmissibility	$10^{-6} - 1$	Breban et al. (2009)	No data for NDV: we used AIV data.

Table D.1: Parameters for the Newcastle-disease virus transmission model, with bird-to-bird and environmental transmissions

DISCUSSION GÉNÉRALE ET PERSPECTIVES

5

"Begin at the beginning," the King said, very gravely, "and go on till you come to the end : then stop."

LEWIS CARROLL, *Alice in Wonderland*

SOMMAIRE

DANS ce chapitre conclusif, nous discutons tout d'abord les résultats obtenus par rapport aux questions de recherche qui sous-tendaient la thèse. Ensuite nous discutons des choix faits pour la modélisation, notamment les modèles compartimentaux, la fonction d'incidence, l'étude mathématique des modèles et nous fournissons une étude d'un modèle plus généralisé avec deux espèces réceptives au VMN. Finalement, nous présentons quelques perspectives et la conclusion de ce travail.

Objectifs *vs* Résultats

Nous commençons ce chapitre par un rappel des objectifs fixés au début de la thèse et nous les confrontons aux résultats obtenus. Ce travail avait pour objectif d'étudier la transmission du VMN dans les systèmes avicoles malgaches en fournissant une analyse mathématique complète des modèles développés. Nous reprenons en particulier les objectifs spécifiques :

1. Nous avons développé un premier modèle de transmission du VMN dans une population de poules et poulets (appelés par la suite "poule" dune manière générale) en intégrant la transmission par contact direct et par l'environnement, nous avons fourni une étude mathématique complète et nous avons déterminé le $\mathcal{R}_0$. Nous avons ainsi répondu à la première question posée.
2. Nous avons développé un second modèle de transmission du VMN dans une population de poules en ajoutant au premier modèle la vaccination en continue. Nous avons fourni une étude mathématique complète de ce second modèle et nous avons déterminé le $\mathcal{R}_0^v$. Nous avons ainsi répondu à la deuxième question posée. Nous proposons comme perspectives d'intégrer la vaccination impulsive (se référer à la section 5.3.2).
3. Nous n'avons pas pu évaluer l'importance de l'interaction entre les palmipèdes et les poules dans la dynamique de transmission du VMN, faute de temps, cependant nous présentons dans la section 5.2.3 un autre modèle avec deux populations réceptives (poules et palmipèdes) et nous établirons le taux de reproduction de base.

Nous discutons plus en détails les objectifs, les méthodes et les résultats dans les sections suivantes.

5.1 Contrôle de la MN à Madagascar

Dans ce travail nous n'avons pas tenu compte de l'immunité maternelle. En effet, chez les poussins parfois une immunité contre certains pathogènes est donnée par le passage des anticorps de la mère immunisée via les œufs (Bencina *et al.* 2005). Cela ne constitue pas un point faible de nos modèles dans la mesure où nous considérons que la population étudiée est au moins âgée de deux semaines, durée moyenne de persistance de l'immunité maternelle. Sur le terrain, nous avons constaté que dans les rares fois où on vaccine les poussins, les vaccinateurs s'assuraient bien de l'âge des oiseaux pour éviter que les animaux ne soient en période d'immunité maternelle.

Reprenons les 3 scénarios établis au chapitre 2 :
- Scénario 1 : absence de vaccination.
- Scénario 2 : 40% des animaux effectivement vaccinés dans ces élevages et 70% des animaux effectivement protégés suite à la vaccination.

- Scénario 3 : 80% des animaux effectivement vaccinés dans ces élevages et 90% des animaux effectivement protégés suite à la vaccination.

La figure 5.1 présente la variation du nombre de reproduction de base en fonction du produit αq, α étant le taux de transmission environnementale et q la charge virale excrétée par animal infecté. Il est bien clair que la vaccination parvient à diminuer les valeurs de $\mathcal{R}_0^v$, mais pas assez pour permettre l'éradication de la maladie. En effet, pour espérer éradiquer la maladie, il faut que l'on arrive à diminuer le $\mathcal{R}_0^v$ au dessous de 1. Ainsi la vaccination seule dans ces conditions, ne permet pas le contrôle de la MN dans les conditions des élevages villageois malgaches. Il faut non seulement envisager d'autres mesures de contrôle (dont les mesures de biosécurité), mais aussi améliorer la vaccination elle même, comme l'a montré van Boven *et al.* (2008), la vaccination dépend étroitement du nombre de vaccinés et du seuil de protection conféré par la vaccination. Dans notre cas, même avec 80% des animaux vaccinés et 90% des animaux effectivement protégés on n'est pas capable d'avoir un $\mathcal{R}_0^v$ inférieur à 1 et donc on n'est pas capable d'éradiquer la MN. Cela implique qu'il faut non seulement augmenter le nombre d'animaux vaccinés mais aussi s'assurer que le taux d'immunité conféré est suffisamment important pour que le virus ne soit pas excrété par les animaux vaccinés. En effet, il y a beaucoup moins de pression virale avec un taux d'immunité important par rapport à un taux d'immunité faible, et en particulier à Madagascar où on a le génotype XI qui circule et qui n'est pas le génotype contenu dans le vaccin. En outre, van Boven *et al.* (2008) n'ont pas pris en compte la pression virale exercée par l'environnement et ils ont prouvé que l'immunité de troupeau ne peut être atteinte que si une forte proportion d'oiseaux (85%) ont un titre élevé d'anticorps ($\log 2 \geq 3$) après la vaccination. Ces chiffres pourraient être plus importants dans notre cas car nous nous intéressons en plus à la transmission environnementale.

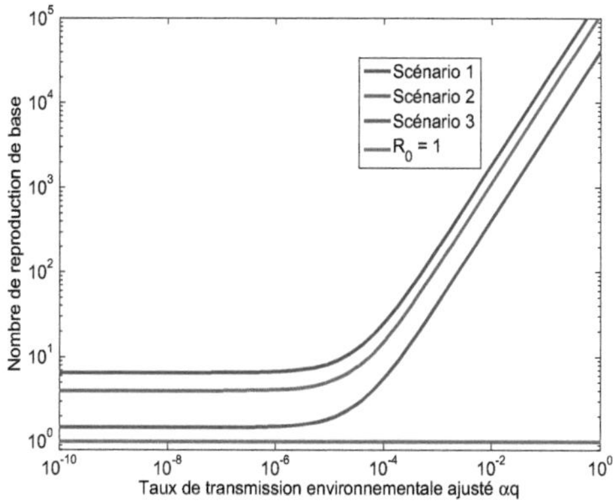

FIGURE 5.1 – *Variations de $\mathcal{R}_0^v$ en fonction de αq en échelle logarithmique*

Malheureusement, nous nous limitions à la comparaison de ces trois scénarios selon les valeurs de $\mathcal{R}_0^v$, nous n'avons pas pu aller plus loin pour évaluer d'autres indicateurs épidémiologiques (taux d'infection, taux de morbidité, taux de mortalité, taux de létalité,. . .) à cause du manque d'information sur les paramètres α, le taux de transmission environnementale, et q, la charge excrétée par poule infectée, séparément (jusqu'à présent nous avons considéré le produit αq).

Reprenons l'expression du nombre de reproduction de base sans vaccination :

$$\mathcal{R}_0 = \frac{\Pi(\alpha\frac{q}{k} + \beta)}{\mu(\sigma + \delta + \mu)}$$

Les paramètres μ, δ, σ, k et q représentent respectivement, la mortalité naturelle hors MN et l'exploitation des volailles, la mortalité due à la MN, la période d'infectiosité, la durée de survie du VMN dans l'environnement et la charge excrétée par poule infectée. Pour diminuer le $\mathcal{R}_0$ nous pouvons agir sur β le taux de transmission directe, ce qui est généralement difficile vue la transmission rapide du VMN chez lez poules. Cependant nous pouvons limiter la transmission directe en mettant des systèmes de quarantaine dans chaque village, que nous considérons comme une unité épidémiologique, où on laisse les poules achetées une semaine environ pour s'assurer qu'elles ne sont pas malades puis on les remet dans les élevages de maison.

Nous pouvons également agir sur α le taux de transmission environnementale. Ainsi dans le village, l'amélioration des conditions d'élevage des poules peut réduire les pertes engendrées par la maladie. Une clôture installée autour de l'enclos pourrait empêcher les poules de fréquenter les sources d'agents pathogènes (rizières et parcours infectés) et diminuer ainsi la transmission environnementale. Cette clôture peut aussi limiter les contacts avec la faune sauvage qui constitue un réservoir du VMN, et diminuer en plus la transmission directe.

D'autre part, dans le cas du modèle avec vaccination, nous avons déterminé que :

$$\mathcal{R}_0^v = \frac{\Pi(\frac{q}{k}\alpha + \beta)}{\mu(\sigma + \delta + \mu)} \frac{p(\tau + \mu\,\theta) + (\mu + \nu - \mu\,\theta)}{(\nu + \mu + \tau)} \tag{5.1}$$

Une condition sur le taux vaccination τ pour garder le $\mathcal{R}_0^v$ en dessous de 1 est :

$$\tau > \nu(\mathcal{R}_0 - 1) - \mu,$$

où $\frac{1}{\nu}$ est la durée de la protection vaccinale. Cette expression est d'une grande utilité : si on arrive à déterminer le $\mathcal{R}_0$ expérimentalement ou à partir des données empiriques, on peut savoir si l'on peut contrôler la MN dans ces conditions avec la vaccination seule, et on peut aller jusqu'à la détermination du taux de vaccination optimal pour garder $\mathcal{R}_0^v < 1$. Notons, que nous avons établi cette expression en supposant que la vaccination est parfaite ($p = 0$) et que tous les nouveaux nés sont vaccinés ($\theta = 1$). van Boven *et al.* (2008) ont déterminé expérimentalement $\mathcal{R}_0 = 3$ pour la MN en tenant compte que de la transmission directe.

Nous supposons dans un cas idéaliste (avec une meilleure gestion des volailles via le maintien des poules dans un poulailler dans l'exploitation, en prenant soin de l'introduction des animaux de l'extérieur, éviter le contact avec les déchets contaminés...) qu'il n'y a pas de transmission environnementale. Dans ce cas, de l'expression précédente, nous trouvons que pour garder $\mathcal{R}_0^v < 1$, il faut que $\tau > 0.007$, ce qui correspond à une couverture vaccinale d'au moins 92%. Cela reste un chiffre important. En effet, même avec une vaccination parfaite et sans transmission environnementale, dans les conditions d'élevages villageois à Madagascar, il faut vacciner au moins 92% de l'effectif de volailles pour éradiquer la MN (sur la base des hypothèses de nos modèles).

Le taux de vaccination τ est un paramètre important dans notre modèle pour diminuer la valeur du $\mathcal{R}_0^v$. Cependant, la vaccination contre la MN n'est pas encore une habitude pour les éleveurs malgaches. De ce fait, il est indispensable de former les éleveurs et leurs représentants (agents communautaires de la santé animale) sur l'utilité de la vaccination contre la MN, son efficacité pour la maîtrise de la maladie et les conditions nécessaires pour garantir sa réussite. La formation doit informer les cibles sur l'importance économique (les pertes), les aspects épidémiologiques de la maladie, afin de proposer un protocole de vaccination qui soit acceptable par les éleveurs ainsi que les mesures à prendre pour éviter une épizootie. En effet, Koko *et al.* (2006a) ont effectué une étude économique sur l'impact de la vaccination, dans deux villages, sur la mortalité due à la MN et sur la variation des effectifs des cheptels. Ils ont utilisé deux vaccins, TAD NDV (souche Hitchner) par voie oculaire et Pestavia (souche Mukteswar), chaque vaccin est administré, dans un village, deux fois à l'âge de 15 et 45 jours. Les résultats montrent que le revenu annuel de chaque ménage a augmenté de 13\$ à 33\$. Ce genre d'étude peut inciter les éleveurs à vacciner leurs volailles.

Le tableau 5.1 présente des valeurs de $\mathcal{R}_0^v$ en fonction des paramètres où on peut agir pour contrôler la MN. En effet, les paramètres Π et μ représentent respectivement le recrutement, par naissance et achat, dans la population des poules, et l'exploitation des volailles (vente, consommation, ...) y compris la mortalité naturelle. Une meilleure gestion des exploitations de volailles car les poulaillers offrent un abri contre les prédateurs (surtout les chats sauvages pour le cas de Madagascar) et les intempéries, peut améliorer la production de volaille. Les paramètres τ, ν et p correspondent au contrôle de la MN par vaccination. Non seulement le taux de vaccination τ et l'efficacité de la vaccination p sont des paramètres importants dans l'opération de vaccination mais aussi la durée de couverture vaccinale donnée par $\frac{1}{\nu}$, celle-ci varie entre 6 mois (pour le vaccin TAD NDV, souche Hitchner) et 1 an (pour le vaccin Pestavia, souche Mukteswar). Finalement, nous fixons le taux de transmission environnementale ajusté αq à 10^{-5}, qui présente un point d'inflexion (figure 5.1).

Le cas (a) présente le cas de référence : nous avons repris les valeurs des paramètres du chapitre 4, en fixant $\tau = 0.007$, $p = 0.1$ et $\alpha q = 10^{-5}$. A partir de ce cas, nous avons changé, à chaque fois, la valeur d'un para-

Cas	Π	μ	τ	ν	p	αq	$\mathcal{R}_0^v$
a	2	0.003	0.007	0.005	0.1	10^{-5}	3.3
b	1	0.003	0.007	0.005	0.1	10^{-5}	1.6
c	2	0.001	0.007	0.005	0.1	10^{-5}	11.8
d	2	0.003	0.01	0.005	0.1	10^{-5}	2.9
e	2	0.003	0.007	0.002	0.1	10^{-5}	2
f	2	0.003	0.007	0.005	0.2	10^{-5}	3.8
g	2	0.003	0.007	0.005	0.1	10^{-6}	2.6
h	1	0.003	0.01	0.002	0.1	10^{-6}	0.7

TABLE 5.1 – *Exemples de calcul de $\mathcal{R}_0^v$ en fonction des paramètres Π, μ, τ, ν, p et αq*

mètre et nous avons calculé le $\mathcal{R}_0^v$.

Dans le cas (b), nous avons diminué les recrutements (par naissance ou par achat) des individus réceptifs, $\mathcal{R}_0^v$ a diminué. Dans le cas (c), nous avons diminué le taux d'exploitation des volailles y compris la mortalité naturelle, $\mathcal{R}_0^v$ a augmenté. Cela est expliqué par le fait que les recrutements (resp. l'exploitation) augmente (resp. diminue) le nombres des individus réceptifs à la maladie, ce qui est aussi donné par l'expression (5.1) : $\mathcal{R}_0^v$ est proportionnel à Π et inversement proportionnel à μ.

Dans le cas (d), nous avons augmenté le taux de vaccination $\tau = 0.01$, pour présenter une couverture vaccinale de 92%. $\mathcal{R}_0^v$ a diminué mais pas au dessous de 1 malgré le taux élevé de vaccination. Dans le cas (e), nous avons diminué ν de 0.005 à 0.002, ce qui correspond à une protection vaccinale qui dure une année au lieu de 6 mois. $\mathcal{R}_0^v$ a également diminué mais assez pour être inférieur à 1. Dans le cas (f), nous avons diminué l'efficacité de la vaccination de 90% à 80%, $\mathcal{R}_0^v$ a légèrement augmenté.

Dans le cas (g), nous avons diminué la transmission environnementale de 10^{-5} à 10^{-6}. $\mathcal{R}_0^v$ a diminué de 3.3 à 2.6. Mais toujours pas assez pour qu'il soit inférieur à 1.

Dans le dernier cas (h), nous avons agi sur tous les paramètres ensemble, $\mathcal{R}_0^v$ a finalement diminué au dessous de 1. Rappelons que le nombre de reproduction de base $\mathcal{R}_0^v$ est propre à une maladie donnée dans une population donnée. Ainsi dans le cas des élevages villageois à Madagascar, le contrôle de la MN doit être basé non seulement sur la vaccination mais aussi sur les bonnes mesures d'hygiène et de bio-sécurité, ainsi que sur la bonne gestion des élevages.

5.2 Élaboration des modèles

Un modèle épidémiologique pour le VMN dans les conditions d'élevages de Madagascar doit tenir compte de populations de volailles d'espèces différentes et de l'environnement. Dans les conditions d'élevages des pays développés, les volailles sont en général élevées en milieu contrôlé sur le plan du risque de transmission du VMN. En conséquence, il n'y a pas d'intérêt, dans ces pays, à développer un modèle avec réservoir environnemental. Cela explique qu'il y ait eu peu de modèles développés pour ce sujet en particulier dans les pays industrialisés.

Nous nous sommes tout d'abord intéressés à la formulation d'un premier modèle de transmission du virus dans les systèmes avicoles villageois de Madagascar en tenant compte de la transmission environnementale. Puis nous avons enrichi ce modèle en rajoutant la vaccination. Pour ces deux modèles, nous avons proposé une étude qualitative du comportement dynamique des systèmes proposés. Nous avons montré l'existence d'un seuil $\mathcal{R}_0$ assurant l'existence d'une solution d'équilibre endémique, lorsque celui-ci est supérieur à 1. Nous avons déterminé aussi l'existence de solution pour les systèmes d'équations différentielles ordinaires proposés, l'existence d'équilibres ainsi que leur stabilité en fonction du nombres de reproduction de base. L'étude de la stabilité globale des équilibres sans maladie et endémique a été obtenue grâce à la construction des fonctions de Lyapunov appropriées.

Les modèles présentés dans ce document reposent sur l'hypothèse qu'il n'existe pas de structure particulière susceptible d'affecter la transmission de la maladie à l'intérieur des populations. Ainsi, on suppose qu'en tout temps la probabilité de transmission entre deux individus est identique. Si cette supposition est probablement acceptable dans le cas de la transmission directe, pour la transmission indirecte il serait plus réaliste d'utiliser une fonction de saturation (c'est-à-dire un accroissement de la transmission environnementale jusqu'à une valeur seuil) au lieu d'une fonction incidence de type "action de masse" (αBS). En effet, la charge virale dans l'environnement diminue au cours du temps par inactivation du virus. La transmission environnementale ne se fait pas alors de la même manière au début et à la fin d'une épidémie car la charge virale augmente probablement de manière importante au cours du temps pendant l'épidémie. L'étude de ce changement de la fonction d'incidence sur le modèle est établie dans la partie suivante.

5.2.1 Fonction d'incidence saturée

Dans cette discussion, mathématique, nous considérons une fonction d'incidence de type Michaelis-Menten $\frac{\alpha BS}{M+B}$, avec M la constante de demi-saturation du virus dans l'environnement pour modéliser la transmission du pathogène par l'environnement. C'était plus pertinent d'utiliser cette fonction d'incidence dans la mesure où cela correspond d'avantage à la réalité mais cela pose certains problèmes dans l'étude analytique des modèles, nous avons alors préféré d'utiliser une fonction d'incidence "action de masse". Dans cette partie nous entamons les calculs puis nous donnons des indications pour aboutir à la fin de l'étude. Nous posons alors le système d'équations différentielles ordinaires suivant :

$$\begin{cases} \frac{dS}{dt} = \Pi - (\alpha \frac{B}{M+B} + \beta I)S - \mu S, \\ \frac{dI}{dt} = (\alpha \frac{B}{M+B} + \beta I)S - (\sigma + \delta + \mu)I, \\ \frac{dB}{dt} = qI - kB, \\ \frac{dR}{dt} = \sigma I - \mu R. \end{cases}$$

La population totale $N = S + I + R$ vérifie

$$\frac{dN}{dt} = \Pi - \mu N - \delta I$$

De même que dans le chapitre 4 pour le modèle avec une fonction d'incidence type action de masse, on trouve un compact positivement invariant par le système :

$$\mathcal{D} = \left\{ (B, S, I, R) \in \mathbb{R}^4_+ : \frac{\Pi}{\mu + \delta} \leq S + I + R \leq \frac{\Pi}{\mu}, B \leq \frac{q\Pi}{k\mu} \right\}$$

Intuitivement, un compact est un ensemble (de $\mathbb{R}^4_+$ dans ce cas), tellement condensé, qu'on peut le comprendre à partir des voisinages d'un nombre fini d'éléments. La détermination d'un compact positivement invariant par le système d'équations différentielles facilite l'étude mathématique. Certains théorèmes exigent l'hypothèse de l'existence d'un tel ensemble pour conclure aux résultats. Dans cette thèse, nous avons montré les stabilités des équilibres endémiques en utilisant le principe d'invariance de LaSalle (A.3) après détermination de compact positivement invariant, sans cela la tâche serait beaucoup plus difficile si nous devions appliquer directement le théorème de Lyapunov (A.3).

L'équilibre sans maladie est alors donné par $DFE = (\frac{\Pi}{\mu}, 0, 0, 0)^T$. On procède de la même façon en utilisant la technique de la NGM pour calculer le taux de reproduction de base $\mathcal{R}_0$:

$$\begin{bmatrix} \frac{dI}{dt} \\ \frac{dB}{dt} \end{bmatrix} = \begin{bmatrix} (\alpha \frac{B}{M+B} + \beta I)S \\ 0 \end{bmatrix} - \begin{bmatrix} (\sigma + \delta + \mu)I \\ -(qI - KB) \end{bmatrix} = \mathcal{F} - \mathcal{V},$$

$$F = \begin{pmatrix} \beta S_0 & \frac{\alpha}{M} S_0 \\ 0 & 0 \end{pmatrix} = \begin{pmatrix} \beta \frac{\Pi}{\mu} & \frac{\alpha}{M} \frac{\Pi}{\mu} \\ 0 & 0 \end{pmatrix}$$

$$V = \begin{pmatrix} (\sigma + \delta + \mu) & 0 \\ -q & k \end{pmatrix}, \quad V^{-1} = \begin{pmatrix} \frac{1}{\sigma+\delta+\mu} & 0 \\ \frac{q}{k(\sigma+\delta+\mu)} & \frac{1}{k} \end{pmatrix}$$

ensuite,

$$FV^{-1} = \begin{pmatrix} \frac{\beta \frac{\Pi}{\mu}}{\sigma+\delta+\mu} + \frac{\frac{\alpha}{M} \frac{\Pi}{\mu} q}{k(\sigma+\delta+\mu)} & \frac{\frac{\alpha}{M} \frac{\Pi}{\mu}}{k} \\ 0 & 0 \end{pmatrix} = \begin{pmatrix} \mathcal{R}_0 & \frac{\frac{\alpha}{M} \frac{\Pi}{\mu}}{k} \\ 0 & 0 \end{pmatrix}$$

Alors,

$$\mathcal{R}_0 = \frac{(\alpha\frac{q}{k} + \beta M)}{(\sigma + \delta + \mu)M} \frac{\Pi}{\mu}.$$

Arrivant à ce point de l'étude, nous donnons quelques indications pour l'étude des stabilités des équilibres sans maladie et endémique. La stabilité locale de l'équilibre sans maladie découle directement du théorème de van den Driessche et Watmough (2002). Pour la stabilité globale on peut utiliser une fonction de Lyapunov en apportant une légère modification à celle développée dans le chapitre 4 :

$$\dot{U}(B, I) = \frac{\Pi}{M\mu}\alpha\dot{B} + k\dot{I}$$

Il tout d'abord monter l'existence d'un équilibre endémique puis étudier sa stabilité. En arrangeant le système d'équations différentielles pour le ramener à la résolution d'un polynôme d'ordre 3, nous discutons selon le signe des coefficients, de ce polynôme, pour déduire l'existence d'un seul équilibre endémique quand $\mathcal{R}_0 > 1$. Finalement pour monter la stabilité globale de l'équilibre endémique quand $\mathcal{R}_0 > 1$, il est possible de trouver une fonction de Lyapunov qui répond à la question en changeant le coefficient devant $\frac{B}{B^*} - \log\frac{B}{B^*}$ en faisant intervenir M.

Ainsi on peut achever l'étude mathématique avec cette fonction d'incidence saturée. La difficulté par rapport à la fonction d'incidence type "action de masse" (αBS) consiste dans le fait que la fonction $\frac{\alpha BS}{M+B}$ est non-linéaire. Cela engendra des calculs plus complexes.

5.2.2 Étude de la stabilité globale

L'analyse mathématique permet d'obtenir des informations sur un système dynamique sans avoir à le résoudre complètement. Il s'avère que les modèles compartimentaux se prêtent bien à une analyse de leur comportement en fonction des différents paramètres dont ils dépendent. Une telle analyse a été effectuée dans le chapitre 4.

Il est bien connu que l'analyse de la stabilité globale d'un système non linéaire est d'une manière générale un problème difficile. Cependant, l'analyse de la stabilité globale des modèles SIR, SIRS a été faite depuis de nombreuses années (Hethcote 1976; 1989). Ces modèles étaient essentiellement des systèmes de dimension 2 et donc le critère de Poincaré-Bendixon (théorème A.1.3, page 157) pouvait être utilisé pour établir la stabilité globale. L'analyse de la stabilité globale des modèles SEIR et SEIS a également été faite de longue date (Liu *et al.* 1987, Brauer 1990, Cooke et van den Driessche 1996). Si la stabilité globale de l'équilibre sans maladie (DFE) était bien connue, la stabilité globale de l'équilibre endémique a été longtemps conjecturée et a été prouvée en par Li et Muldowney (1995a) en utilisant le théorème de Poincaré-Bendixson, associées à une utilisation sophistiquée des "compound matrices" (section A.4, page 160). Dans cette thèse, l'étude de la stabilité des états d'équilibres est essentiellement faite par la construction des fonctions de Lyapunov combinée avec le principe d'invariance de LaSalle (théorème A.3, page 159).

Pour les systèmes de dimension quelconque, une des méthodes les plus élégantes est celle de Lyapunov (Malisoff et Mazenc 2009). Cette méthode est devenue populaire récemment en écologie et épidémiologie mathématiques. Goh (1977) l'utilisait pour étudier la stabilité globale d'un modèle LotkaVolterra (Lotka 1910, Volterra 1926) où plusieurs espèces sont en compétition. Korobeinikov et Maini (2004) l'ont utilisée pour le modèle SEIR et ont donné une preuve simple du résultat de Li et Muldowney (1995a).

Dans la littérature récente, la méthode de Lyapunov a été utilisée avec succès pour prouver la stabilité globale de l'équilibre endémique. La méthode consiste à trouver une fonction, notée V, définie positive telle que sa dérivée le long des trajectoires (ou l'ensemble des solutions) du système d'EDO est définie négative. Si la dérivée $\dot{V}$ est seulement négative, le principe d'invariance de LaSalle étend la méthode de Lyapunov dans certains cas. Cette fonction est très difficile à trouver. En effet, il n'existe pas de méthode, à l'heure actuelle, pour déterminer une fonction de Lyapunov, et généralement elle sont obtenues après des tâtonnements.

5.2.3 Vers un modèle avec deux espèces réceptives

Dans cette partie, nous présentons une étude d'un modèle plus complexe. Ce modèle correspond au cas dans les élevages villageois à Madagascar, où généralement plusieurs espèces aviaires sont élevées ensemble. Nous présentons un modèle avec deux espèces réceptives à la maladie (figure 5.2) les poules et les palmipèdes (oies ou canards). En effet, les poules (chicken) sont souvent élevées à proximité des palmipèdes (waterfowl) mais les éleveurs ne vaccinent que les poules. Les palmipèdes souvent porteurs asymptotiques (Gilbert *et al.* 2006, Otim *et al.* 2006), excrètent le virus comme les poules dans l'environnent. Ce modèle sert à étudier l'effet de la mixité des espèces sur la transmission du VMN en milieu villageois. En effet, les palmipèdes sont des espèces moins sensibles au virus et jouent un rôle de réservoir. Leur rôle épidémiologique est donc important. Nous envisageons ici l'intérêt d'un modèle à plusieurs catégories d'espèces.

En faisant un bilan de masse à travers les compartiments, nous écrivons les équations différentielles ordinaires décrivant la propagation du virus de la MN sous la forme :

$$\frac{dB}{dt} = q_w I_w + q_c I_c - kB \tag{5.3}$$

$$\frac{dS_w}{dt} = \Pi_w - (\alpha_w B + \beta_{w1} I_w + \beta_{w2} I_c) S_w - \mu_w S_w \tag{5.4}$$

$$\frac{dI_w}{dt} = (\alpha_w B + \beta_{w1} I_w + \beta_{w2} I_c) S_w - \sigma_w I_w - \delta_w I_w - \mu_w I_w \tag{5.5}$$

$$\frac{dR_w}{dt} = \sigma_w I_w - \mu_w R_w \tag{5.6}$$

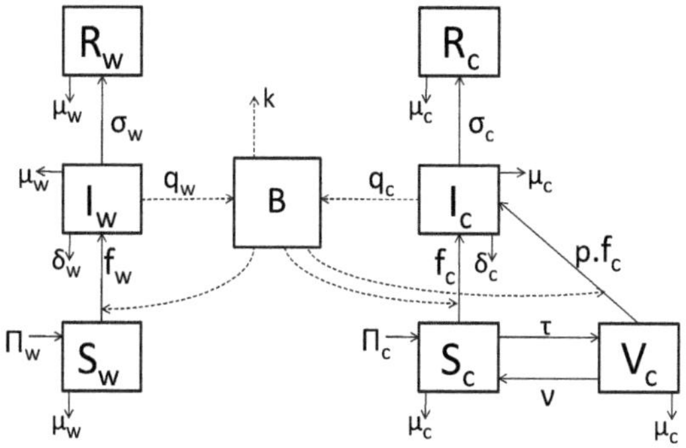

FIGURE 5.2 – *Modèle avec deux espèces*

$$\frac{dS_c}{dt} = \Pi_c - (\alpha_c B + \beta_{c1} I_w + \beta_{c2} I_c) S_c - \tau S_c + \nu V_c - \mu_c S_c \quad (5.7)$$

$$\frac{dI_c}{dt} = (\alpha_c B + \beta_{c1} I_w + \beta_{c2} I_c)(S_c + pV_c) - \sigma_c I_c - \delta_c I_c - \mu_c I_c \quad (5.8)$$

$$\frac{dR_c}{dt} = \sigma_c I_c - \mu_c R_c \quad (5.9)$$

$$\frac{dV_c}{dt} = \tau S_c - \nu V_c - p(\alpha_c B + \beta_{c1} I_w + \beta_{c2} I_c) V_c - \mu_c V_c \quad (5.10)$$

L'équation (5.3) décrit la variation de la quantité virale dans l'environnement au cours du temps. En effet, cette quantité augmente par l'accumulation des charges virales excrétées par toutes les poules infectieuses ($q_c I_c$) et par tous les palmipèdes infectieux ($q_w I_w$). Elle diminue par l'inactivation naturelle du virus dans l'environnement avec une vitesse k que nous supposons constante.

L'équation (5.4) décrit la variation de la population des palmipèdes réceptifs au cours du temps. Elle est augmentée par le recrutement (naissance ou achat) avec un taux Π_w, que nous supposons initialement constant. Elle est diminuée par l'infection acquise par le contact avec l'environnement ($\alpha_w B S_w$), les palmipèdes infectieux ($\beta_{w1} I_w S_w$) et les poules infectieuses ($\beta_{w1} I_w S_w$), et par la mortalité naturelle et la vente (à un taux μ_w).

L'équation (5.5) décrit la variation de la population de palmipèdes infectieux au cours du temps. Elle est augmentée par les nouvelles infections des individus réceptifs. Elle est diminuée par la mortalité naturelle et la vente (avec un taux μ_w), par la mortalité due à la maladie (avec un taux δ_w) et par le guérison (avec un taux σ_w).

L'équation (5.6) décrit la variation de la population des palmipèdes guéris au cours du temps. Elle est augmentée par les infectieux qui guérissent (avec un taux σ_w). Elle est diminuée par la mortalité naturelle et la vente (à un taux μ_w).

L'équation (5.7) décrit la variation de la population des poules réceptives au cours du temps. Elle est augmentée par le recrutement (naissance ou achat) par un taux Π_c, que nous supposons initialement constant et par les poules vaccinées qui perdent leurs protection (qui dure $\frac{1}{\nu}$). Elle est diminuée par l'infection acquise par le contact avec l'environnement ($\alpha_c B S_c$), les palmipèdes infectieux ($\beta_{c1} I_w S_c$) et les poules infectieuses ($\beta_{c2} I_c S_c$), en proportion τ que l'on vaccine et par la mortalité naturelle et la vente à un taux μ_c.

L'équation (5.8) décrit la variation de la population de poules infectieuses au cours du temps. Elle est augmentée par les nouvelles infections des poules réceptives et de la proportion p des poules vaccinées qui ne sont pas protégés par le vaccin. Elle est diminuée par la mortalité naturelle et la vente (avec un taux μ_c), par la mortalité due à la maladie (avec un taux δ_c) et par le guérison (avec un taux σ_c).

L'équation (5.9) décrit la variation de la population des poules guéris au cours du temps. Elle est augmentée par les individus infectieux qui guérissent (avec un taux σ_c). Elle est diminuée par la mortalité naturelle et la vente (à un taux μ_c).

L'équation (5.10) décrit la variation de la population des poules vaccinées au cours du temps. Elle est augmentée par les poules réceptives qui sont vaccinées à un taux τ. Elle est diminuée par les poules vaccinées qui perdent leurs protection avec un taux ν, par la mortalité naturelle et la vente à un taux μ_c et par la proportion p des poules mal vaccinées qui sont en contact avec l'environnement, les palmipèdes infectieux et les poules infectieuses et qui se comportent comme les réceptives.

Paramètres

Le tableau 5.2 résume les paramètres du modèle.

Paramètre	Description biologique
Π_w, Π_c	recrutement par naissance ou achat
μ_w, μ_c	taux de perte par mortalité naturelle et exploitation (vente, auto-consommation)
δ_w, δ_c	mortalité due à la MN
σ_w, σ_c	taux de passage de la classe infectieuse à la classe guérie
f_w, f_c, f_v	fonction d'incidence
q_w, q_c	charge virale excrétée par les palmipèdes et poulets infectés
τ	couverture de la vaccination (proportion des vaccinés)
ν	taux de décroissance de la protection vaccinale
p	proportion des volailles qui sont infectées le virus
k	vitesse d'inactivation du virus dans l'environnement

TABLE 5.2 – *Paramètres du modèle avec deux espèces*

Nous définissons respectivement la force d'infection pour les palmipèdes pour les poules et pour les poules vaccinées, en utilisant une fonction incidence type "action de masse" (McCallum *et al.* 2001), comme suit :

$$\begin{aligned} f_w &= (\alpha_w B + \beta_{w1} I_w + \beta_{w2} I_c) S_w \\ f_c &= (\alpha_c B + \beta_{c1} I_w + \beta_{c2} I_c) S_c \\ f_v &= p(\alpha_c B + \beta_{c1} I_w + \beta_{c2} I_c) V_c \end{aligned}$$

Le tableau 5.3 résume les paramètres des fonctions d'incidence.

Paramètre	Description biologique
α_w, α_c	taux de transmission par l'environnement
β_{w1}	taux de transmission direct palmipède-palmipède
β_{w2}	taux de transmission direct poule-palmipède
β_{c1}	taux de transmission direct palmipède-poule
β_{c2}	taux de transmission direct poule-poule

TABLE 5.3 – *Paramètres des fonctions d'incidence*

Existence des solutions du système d'EDO

Nous devons vérifier tout d'abord que le problème est bien posé mathématiquement, c'est-à-dire que toutes les variables $(B, S_{c,w}, I_{c,w}, R_{c,w})$ doivent rester positives à chaque instant puisqu'elles présentent des nombres d'individus. Les solutions restent bien dans le quadrant positif. En effet, on commence par des conditions initiales positives. Donc pendant un certain temps, les variables restent positives jusqu'au moment où l'une d'elle s'annule. Une simple vérification du signe de la dérivée au point 0 permet de vérifier que toutes les dérivées sont positives à 0 :

$$\begin{aligned} \left[\frac{dB}{dt}\right]_0 &= q_w I_w + q_c I_c \geq 0 \\ \left[\frac{dS_w}{dt}\right]_0 &= \Pi_w \geq 0 \\ \left[\frac{dI_w}{dt}\right]_0 &= (\alpha_w B + \beta_{w2} I_c) S_w \geq 0 \\ \left[\frac{dR_w}{dt}\right]_0 &= \sigma_w I_w \geq 0 \\ \left[\frac{dS_c}{dt}\right]_0 &= \Pi_c + \nu V_c \geq 0 \\ \left[\frac{dI_c}{dt}\right]_0 &= (\alpha_c B + \beta_{c1} I_w)(S_c + p V_c) \geq 0 \\ \left[\frac{dR_c}{dt}\right]_0 &= \sigma_c I_c \geq 0 \\ \left[\frac{dV_c}{dt}\right]_0 &= \tau S_c \geq 0 \end{aligned}$$

Cela montre que les variables ne peuvent que croître et rester positives. Ainsi, le système est bien posé.

L'existence locale et l'unicité de la solution de ce système découle directement du théorème de Cauchy-Lipschitz.

Compact invariant

Puisque $N_c = S_c + I_c + R_c + V_c$ et $N_w = S_w + I_w + R_w$ On a :

$$\begin{aligned}
\frac{dN_c}{dt} &= \Pi_c - \mu_c S_c - \mu_c R_c - \mu_c I_c - \mu_c V_c - \delta_c I_c = \Pi_c - \mu_c N_c - \delta_c I_c \\
\frac{dN_w}{dt} &= \Pi_w - \mu_w S_w - \mu_w R_w - \mu_w I_w - \delta_w I_w = \Pi_w - \mu_w N_w - \delta_w I_w \\
\frac{dB}{dt} &= q_w I_w + q_c I_c - kB
\end{aligned}$$

On a donc :

$$\begin{aligned}
\frac{dN_c}{dt} &\leq \Pi_c - \mu_c N_c \\
\frac{dN_w}{dt} &\leq \Pi_w - \mu_w N_w \\
\frac{dB}{dt} &\leq q_w N_w + q_c N_c
\end{aligned}$$

Doù : $\mathcal{D} = \left\{0 < S_c + I_c + R_c + V_c \leq \frac{\Pi_c}{\mu_c}, S_w + I_w + R_w \leq \frac{\Pi_w}{\mu_w}, 0 < B \leq \frac{\Pi_w q_w}{k\mu_w} + \frac{\Pi_c q_c}{k\mu_c}\right\}$ est un compact positivement invariant par le système.

Équilibre sans maladie

Par définition, à l'équilibre sans maladie il n'y pas de virus. On pose donc $B = I_w = I_c = 0$. L'équilibre sans maladie (DFE) est donné alors par :

$$\begin{aligned}
E^0 &= 0 \\
S_w^0 &= \frac{\Pi_w}{\mu_w} \\
I_w^0 &= 0 \\
R_w^0 &= 0 \\
S_c^0 &= \Pi_c \frac{\nu + \mu_c}{\mu_c(\tau + \nu + \mu_c)} \\
I_c^0 &= 0 \\
R_c^0 &= 0 \\
V_c^0 &= \Pi_c \frac{\tau}{\mu_c(\tau + \nu + \mu_c)}
\end{aligned}$$

La stabilité locale de DFE est donnée par le théorème de van den Driessche et Watmough (2002) : le DFE du modèle est localement asymptotiquement stable lorsque $\mathcal{R}_0 < 1$ et instable si $\mathcal{R}_0 > 1$.

Nombre de reproduction de base $\mathcal{R}_0$

Commençons par la construction de la "Next Generation Matrix". On ne considère que les équations où il y a propagation de l'infection, i.e. (5.3), (5.5) et (5.8). On écrit le système réduit composé de ces 3 équations sous la forme :

$$\frac{dX}{dt} = \mathcal{F}(X) - \mathcal{V}(X) \text{ avec } X = \begin{pmatrix} I_W \\ I_C \\ B \end{pmatrix}$$

$\mathcal{F}$ regroupe les termes qui correspondent à l'apparition de nouveaux cas d'infection :

$$\mathcal{F} = \begin{pmatrix} (\alpha_w B + \beta_{w1} I_w + \beta_{w2} I_c) S_w \\ (\alpha_c B + \beta_{c1} I_w + \beta_{c2} I_c)(S_c + pV_c) \\ 0 \end{pmatrix}$$

$\mathcal{V}$ regroupe les termes qui correspondent au transfert entre les compartiments par toutes autres causes que l'infection :

$$\mathcal{V} = \begin{pmatrix} (\sigma_w + \delta_w + \mu_w) I_w \\ (\sigma_c + \delta_c + \mu_c) I_c \\ -(q_w I_w + q_c I_c - kB) \end{pmatrix}$$

On calcule maintenant $F = J_{\mathcal{F}}(DFE)$ et $V = J_{\mathcal{V}}(DFE)$ les matrices jacobiennes de $\mathcal{F}$ et $\mathcal{V}$ respectivement appliquées au point d'équilibre sans maladie (DFE) :

$$F = \begin{pmatrix} \alpha_w S_w^0 & \beta_{w1} S_w^0 & \beta_{w2} S_w^0 \\ \alpha_c (S_c^0 + pV_c^0) & \beta_{c1} (S_c^0 + pV_c^0) & \beta_{c2} (S_c^0 + pV_c^0) \\ 0 & 0 & 0 \end{pmatrix}$$

et

$$V = \begin{pmatrix} \sigma_w + \delta_w + \mu_w & 0 & 0 \\ 0 & \sigma_c + \delta_c + \mu_c & 0 \\ q_w & q_c & -k \end{pmatrix}$$

La "next generation matrix" est donnée par FV^{-1} :

$$FV^{-1} = \begin{pmatrix} \frac{\alpha_w S_w^0}{k} & \frac{\beta_{w1} S_w^0}{\sigma_w + \delta_w + \mu_w} & \frac{\beta_{w2} S_w^0}{\sigma_c + \delta_c + \mu_c} \\ \frac{\alpha_c (S_c^0 + pV_c^0)}{k} & \frac{\beta_{c1} (S_c^0 + pV_c^0)}{\sigma_w + \delta_w + \mu_w} & \frac{\beta_{c2} (S_c^0 + pV_c^0)}{\sigma_c + \delta_c + \mu_c} \\ 0 & 0 & 0 \end{pmatrix}$$
$$= \begin{pmatrix} a_1 & a_2 & a_3 \\ b_1 & b_2 & b_3 \\ 0 & 0 & 0 \end{pmatrix}$$

Le taux de reproduction de base $\mathcal{R}_0$ est le rayon spectral de la matrice FV^{-1} est alors :

$$\mathcal{R}_0 = \tfrac{1}{2}a_1 + \tfrac{1}{2}b_2 + \tfrac{1}{2}\sqrt{a_1^2 - 2a_1b_2 + b_2^2 + 4b_1a_2}$$

Ainsi nous pourrons ensuite élaborer une analyse de sensibilité de $\mathcal{R}_0$ pour déterminer les paramètres les plus influents sur le processus de la transmission du virus en présence de deux espèces réceptives.

Ce modèle avec deux espèces réceptives est important car il est fort possible que dans les conditions des élevages aviaires familiaux de Madagascar, les palmipèdes jouent en quelque sorte le rôle de réservoir du VMN pour les volailles. Il faut donc prendre en considération le risque de transmission inter-espèces, qui est important *a priori*, dans les futurs modèles.

5.3 Perspectives des travaux de modélisation

Comme nous avons présenté un premier modèle sur la transmission du virus de la maladie de Newcastle, ce travail ouvre les portes de plusieurs discussions sur le plan de la modélisation. Dans cette partie, nous présentons des perspectives d'évolution de ce travail. Nous présentons en premier lieu un modèle qui intègre la variation saisonnière de l'infection et de la dynamique de population de volailles, en deuxième lieu, un modèle avec une vaccination impulsive, et, en troisième lieu un modèle où on tient compte de l'excrétion des volailles vaccinées.

5.3.1 Variations saisonnières

Les deux modèles que nous avons présentés étaient en fonction des paramètres constants dans le temps. Cependant plusieurs de ces paramètres, notamment ceux la dynamique de population des volailles et la dynamique d'infection dépendent fortement de facteurs environnementaux tels que la température, l'humidité, etc. qui dépendent donc d'un phénomène de saisonnalité. Une variabilité saisonnière du taux de protection contre la maladie a également été observée par Henning *et al.* (2008). La prise en compte de ces changements dans le modèle permettrait de modéliser un phénomène de saisonnalité en supposant par exemple que les paramètres ne sont plus figés mais sont des fonctions périodiques du temps ce qui nous ramène à utiliser des modèles périodiques continus ou discrets. Les deux modèles sont aisément utilisables, mais le modèle à temps discret est plus simple, car il ne fait guère appel qu'à des propriétés algébriques. On peut aussi se poser la question de la possibilité du passage d'un modèle à l'autre, ceci est possible sous certaines conditions, pour plus de détails se référer au Katok et Hasselblatt (1997). Bien que la théorie des équations différentielles (modèles continus) soit plus compliquée que celle des équations aux différences (modèles discrets), on utilise les premiers parce que le comportement de leurs solutions est beaucoup plus simple à étudier. Notons cependant qu'en général on ne sait pas résoudre exactement une équation différentielle, ce qui fait que l'on va le faire numériquement, c'est à dire discrétiser le temps à nouveau... Dans cette partie nous présentons un modèle périodique continu, pour les modèles discrets nous conseillons aux lecteurs l'excellent livre sur les systèmes dynamiques à temps discret

(Devaney 2003).

Plusieurs travaux ont traité des modèles compartimentaux avec variation saisonnière. Ma et Ma (2006) ont étudié les modèles SEIRS avec des variations saisonnières. Ils ont montré que si le nombre de reproduction de base est inférieur à 1, alors la maladie ne peut pas se propager la population hôte dans un environnement périodique. Mais cette condition est seulement une condition suffisante et non une condition nécessaire. Zhang et Teng (2007) ont également étudié un modèle SEIR et ont établi des conditions suffisantes pour l'extinction et la persistance de la maladie.

Récemment, Bacaër et Guernaoui (2006), Bacaër et Ouifki (2007) ont présenté une définition générale du nombre de reproduction de base pour les modèles périodiques et Wang et Zhao (2008) ont établi le nombre de reproduction de base pour une large classe de modèles épidémiques périodiques. Sur la base de ces articles, on constate que le nombre de reproduction de base pour un modèle périodique est généralement différent du nombre de reproduction de base du système autonome moyenné dans le temps (Bacaër et Ouifki 2007). Par ailleurs, Wang et Zhao (2008) ont démontré que le nombre de reproduction de base est le paramètre de seuil de la stabilité locale de la solution périodique sans maladie pour un modèle général d'épidémie périodique.

Mais, le fait que la dynamique globale des modèles périodiques, tels que la stabilité asymptotique globale de la solution, la persistance et l'extinction de la maladie, sont déterminées par le nombre de reproduction de base ou pas, reste encore un problème ouvert (Nakata et Kuniya 2010). Ces concepts jouent un rôle important dans l'épidémiologie et Nakata et Kuniya (2010) ont montré que, si le nombre de reproduction de base est inférieur à 1, alors la solution périodique sans maladie est globalement asymptotiquement stable et si le nombre de reproduction de base est supérieur à 1, alors la maladie persiste. Ces résultats de Nakata et Kuniya (2010) améliorent ceux de Zhang et Teng (2007) dans le sens où la condition de la stabilité asymptotique globale est une condition de seuil entre l'extinction et la persistance uniforme de la maladie .

Reprenons le modèle sans vaccination :

$$\begin{cases} \dfrac{dS(t)}{dt} = \Pi(t) - (\alpha(t)B(t) + \beta(t)I(t))S(t) - \mu(t)S(t), \\ \dfrac{dI(t)}{dt} = (\alpha(t)B(t) + \beta(t)I(t))S(t) - (\sigma(t) + \delta(t) + \mu(t))I(t), \\ \dfrac{dB(t)}{dt} = q(t)I(t) - k(t)B(t), \\ \dfrac{dR(t)}{dt} = \sigma(t)I(t) - \mu(t)R(t), \end{cases}$$

avec les conditions initiales $(S(0), I(0), B(0), R(0)) \in \mathbb{R}^4_+$. $\Pi(t), \alpha(t), \beta(t), \mu(t), \sigma(t), \delta(t), q(t)$ et $k(t)$ sont des fonctions ω-périodiques continues, positives. Généralement, on choisit des fonctions périodiques pour les paramètres de type $a(1 + b\cos(\frac{2\pi t}{\omega}))$ où ω est la période et $|b| < 1$, b étant l'amplitude de la saisonnalité.

Ainsi nous présentons un modèle périodique de la transmission du VMN dans les élevages familiaux à Madagascar. Pour calculer le taux de reproduction de base on peut suivre la méthode de Wang et Zhao (2008) présentée sous le nom "next infection operator". Renseigner les paramètres de ce modèle permet d'effectuer des simulations numériques de la dynamique d'infection de la MN dans le contexte malgache.

5.3.2 Vaccination impulsive

Notre premier modèle à été enrichi en rajoutant la vaccination en continue, par contre, dans la pratique, une proportion des individus sont vaccinés en même temps. Au lieu de vacciner en permanence une proportion de tous les nouveau-nés réceptifs, le schéma de vaccination impulsive propose de vacciner une fraction ρ de l'ensemble de la population réceptive à une impulsion unique, appliqué toutes les T périodes. La vaccination impulsive donne une immunité pour les individus sensibles qui sont, par conséquence, transféré au compartiment R. Immédiatement après chaque impulsion de vaccination, le système évolue sans être affecté par la vaccination jusqu'à ce que l'impulsion suivante soit appliquée (Diekmann et Heesterbeek 2000). De plus la Vaccination impulsive est une méthode efficace pour le contrôle de la transmission de maladies à forte dominance (Gao *et al.* 2007b). Lorsque la vaccination impulsive est incorporé le modèle SIRB, le modèle prend la forme qui suit :

$$\begin{cases} \frac{dS}{dt} = \Pi - (\alpha B + \beta I)S - \mu S \\ \frac{dI}{dt} = (\alpha B + \beta I)S - (\sigma + \delta + \mu)I \\ \frac{dR}{dt} = \sigma I - \mu R \\ \frac{dB}{dt} = qI - kB \end{cases}$$

$$\begin{cases} S(kT^+) = (1-\rho)S(kT^-), k \in \mathbb{N} \\ I(kT^+) = I(kT^-) \\ R(kT^+) = R(kT^-) + \rho S(kT^-) \\ B(kT^+) = B(kT^-) \end{cases}$$

où T^+ et T^- sont respectivement les instants qui précèdent et qui suivent immédiatement l'impulsion de la vaccination. Notons que la taille de la population totale satisfait l'équation :

$$\frac{dN}{dt} = \Pi - \mu N - \delta I$$

On étudie alors le nouveau système avec la vaccination impulsive dans le même domaine invariant

$$\mathcal{D} = \left\{ (B, S, I, R) \in \mathbb{R}_+^4 : \frac{\Pi}{\mu + \delta} \leq S + I + R \leq \frac{\Pi}{\mu}, B \leq \frac{q\Pi}{k\mu} \right\}$$

L'étude mathématique consiste tout d'abord à prouver l'existence d'une solution périodique sans maladie, ce qui revient à résoudre le système réduit suivant :

$$\begin{cases} \frac{dS}{dt} = \Pi - \mu S \\ \frac{dR}{dt} = \sigma I - \mu R \\ S(kT^+) = (1-\rho)S(kT^-) \\ R(kT^+) = R(kT^-) + \rho S(kT^-) \end{cases}$$

La stabilité locale de la solution périodique peut être démontrée en considérant une linéarisation du système autour de la solution périodique. Les études de l'existence d'une (ou des) solution(s) périodique(s) endémique(s) et des stabilités globales restent un peu technique, nous invitons les lecteurs à approfondir la théorie des équations différentielles impulsives (Lakshmikantham *et al.* 1989, Bainov et Simeonov 1993). Shulgin *et al.* (1998) ont montré que pour les maladies modélisées par un modèle SIR, l'utilisation d'une stratégie de vaccination en continue nécessite le même nombre de vaccinés, que la vaccination impulsive, pour éradiquer la maladie. Cependant d'Onofrio (2002) a conjecturé, en se basant sur des simulations numériques, que pour les modèles SIER, on arrive à éradiquer la maladie en utilisant la vaccination impulsive en vaccinant moins d'individus qu'en utilisant la vaccination continue. Beaucoup d'autres articles ont étudié la vaccination impulsive (Choisy *et al.* 2006, Zhen *et al.* 2008, Gao *et al.* 2006; 2007a).

Nous proposons pour ce modèle, une fois l'étude mathématique établie, de simuler plusieurs scénarios de vaccination impulsive en changeant à chaque fois la durée entre 2 impulsions successives et la proportions des individus vaccinés. Ainsi on peut trouver la période T et la proportion des vaccinées optimaux qui permettent le contrôle de la MN à Madagascar.

5.3.3 Excrétion des poules vaccinées

Il a été démontré récemment (Miller *et al.* 2007) que la diversité génétique dans les souches du VMN influence l'efficacité du contrôle par la vaccination, non seulement en termes de protection contre l'expression clinique, mais surtout en termes d'excrétion du virus et de propagation ultérieure de l'infection. A Madagascar, la souche Mukteswar utilisée dans le vaccin vivant (Pestavia), peut être excrétée par les volailles vaccinées (Maminiaina 2011). Nous partons d'un modèle qui tient compte de l'excrétion des poules vaccinées (figure 5.3).

Nous nous limitions à la description de ce modèle ici, l'étude se fait de la même manière que dans la section 5.2.3. On vaccine une proportion θ des nouvelles recrues (soit par achat, soit par naissance). On vaccine également une proportion τ de poules réceptives. Dans tout le compartiment V_c, une proportion p est mal vaccinée et devient infectieuse pour partir au compartiment I_c, le reste des vaccinés deviennent retirés après un temps $\frac{1}{v}$. Mais durant cette période, ils excrètent une quantité virale q_v par unité

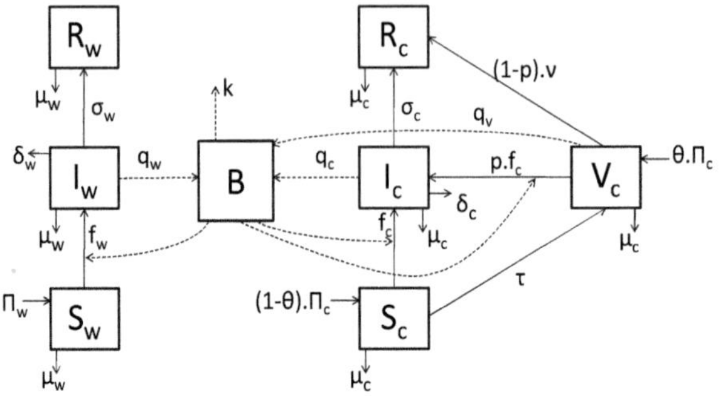

FIGURE 5.3 – *Modèle avec excrétion des vaccinés*

de temps dans l'environnement et ils transmettent directement la maladie aux poules et aux palmipèdes réceptifs.

Ce modèle permettra l'évaluation de l'importance de l'interaction entre ces palmipèdes et les poulets dans la dynamique de transmission de la MN (occurrence et persistance des foyers) à Madagascar.

Conclusion

Les modèles compartimentaux étudiés permettent de modéliser une grande variété de situations différentes tout en rendant possible la variation dans le temps des divers paramètres qui les gouvernent. Ils bénéficient également de l'avantage considérable que leur dynamique puisse être étudiée aisément grâce à une analyse de stabilité apportant de façon systématique de l'information sur les paramètres où s'effectuent les changements importants dans le comportement du modèle.

Cette étude a montré que, par la vaccination seule, on ne peut pas arriver à contrôler la maladie dans le contexte malgache et d'autres mesures de contrôle sont à étudier. Pour améliorer la situation de la filière avicole, la vaccination ne peut pas être réfléchie seule mais plutôt en conjonction avec d'autres à savoir mieux gérer l'habitat mais aussi l'alimentation et la biosécurité. Pour l'habitat, le fait d'avoir des poulaillers même sommaires pourrait limiter le contact avec les oiseaux et l'environnement contaminés. Pour l'alimentation, le mieux serait de donner directement les restes de cuisine plutôt que de laisser divaguer les volailles et augmenter ainsi les risques de contacts infectieux. En outre, il faudrait imposer une quarantaine systématique avant d'introduire de nouvelles volailles dans le village car une fois le virus introduit, tous les animaux risquent d'être infectés. Et à terme, les autres mesures de biosécurité relatives à la main d'œuvre, l'alimentation, l'eau d'abreuvement, l'habitat ... devraient être établies pour limiter les risques de transmission virale.

Un autre résultat intéressant de notre travail est son caractère générique puisque les modèles que nous avons développés ne sont pas exclusifs de la MN, on peut les utiliser pour étudier d'autres systèmes hôtes-pathogènes dont la transmission se fait par deux modes : transmission directe et/ou indirecte. En effet, nous avons effectué l'étude mathématique et la détermination du nombre de reproduction de base $\mathcal{R}_0$ dans un cadre général en fonction des paramètres. Ensuite nous avons remplacé ces paramètres par des valeurs numériques propre à la MN et au contexte malgache. Cette application peut être faite pour n'importe quelle autre maladie avec un mode de transmission similaire à la MN. Autrement dit, ces modèles sont encore valables pour des maladies qui se transmettent par contact direct entre les individus réceptifs et infectieux et par l'environnement, comme par exemple l'influenza aviaire.

La modélisation, même avec toutes les imprécisions et les imperfections qu'elle peut présenter, reste néanmoins un outil prometteur pour l'avenir pour représenter la dynamique d'une maladie et tester différentes mesures de contrôle en particulier dans des conditions où les données fiables restent rares ou absentes.

A Annexes

Sommaire

A.1 Systèmes dynamiques

"Behold the rule we follow, and the only one we can follow : when a phenomenon appears to us as the cause of another, we regard it as anterior. It is therefore by cause that we define time..."

Henri Poincaré, 1913, *The Value of Science*

A.1.1 Définitions

Nous allons essayer de définir ce qu'on appelle un système dynamique en nous reportant aux ouvrages traitant du sujet. La définition la plus simple qu'on puisse trouver est celle de Bergé *et al.* (1992) : "Par système dynamique, il faut entendre tout système, quelle que soit sa nature [...] qui évolue au cours du temps." Alligood *et al.* (1997) donnent la définition suivante : "Un système dynamique consiste en un ensemble d'états possibles et d'une règle qui détermine l'état actuel du système en fonction de ses états passés."

De façon générale, les systèmes dynamiques sont modélisés à l'aide d'équations différentielles ou d'équations de récurrence. Une équation de récurrence s'écrit :

$$x_t = f(x_{t-1}, x_{t-2}, \ldots, x_{t-n})$$

Elle nous dit que l'état du système à la date t dépend des états qu'il présentait aux dates $t_1, t_2, \ldots, t_n$. Un système dynamique fondé sur des équations de récurrence correspond assez bien à la définition de Alligood *et al.* (1997) au sens où l'état actuel du système dépend de ses valeurs passées.

Lorsqu'un système dynamique est décrit par une équation différentielle, comme par exemple :

$$x'(t) = f(x(t))$$

il est défini par la valeur en un instant de la variable $x(t)$, par le "taux de variation" $x'(t)$ de cette variable en cet instant et par la relation $f()$ qui les unit. L'évolution de la variable dans le temps est parfaitement déterminée de cette façon puisqu'à chaque instant, on connaît l'état du système et l'évolution future immédiate de chacun de ses éléments.

Le but principal de la théorie des systèmes dynamiques est de comprendre le comportement final ou asymptotique des variables du modèle. Lorsque le processus dynamique est décrit par une équation différentielle dont la variable indépendante est le temps, la théorie entend prédire le comportement ultime des solutions de l'équation dans un futur lointain (c-à-d., lorsque $t \longrightarrow \infty$). Il s'agit donc de comprendre, partant d'une situation initiale, vers quelles valeurs évoluent les variables pertinentes, comment elles le font et à quelle vitesse elles le font.

A.1.2 Points stationnaires et stabilité

Soit une équation différentielle autonome :

$$x' = f(x) \qquad f : W \to \mathbb{R}^n \qquad W \subset \mathbb{R}^n \tag{A.1}$$

On suppose que f est continûment différentiable.

Définition A.1 (**Équilibre**) Un point $\bar{x} \in W$ est appelé point d'équilibre de (A.1) si $f(\bar{x}) = 0$.

Un point d'équilibre est aussi appelé "état d'équilibre". En effet, si le système dynamique se situe au point $\bar{x}$, cela veut dire qu'il y a toujours été et il y sera toujours. La fonction constante $x(t) = \bar{x}$ étant une solution évidente de (A.1), on dit aussi que $\bar{x}$ est un "point stationnaire". Enfin, comme $x' = 0$, on dit que $\bar{x}$ est un zéro ou un point singulier du champ de vecteurs f.

Ayant défini les points d'équilibre de (A.1), on peut aborder la notion de stabilité. Intuitivement, on dira qu'un équilibre est stable si un choc externe au système ne conduit pas les variables qui le caractérisent à s'en écarter de façon irrémédiable. On distingue plusieurs types de stabilité : locale ou globale, simple ou asymptotique.

Définition A.2 (**Stabilité**) On dit que $\bar{x}$ est un équilibre stable de (A.1) si pour tout voisinage $U \subset W$ de $\bar{x}$ il existe un voisinage $U_1 \subset U$ de $\bar{x}$ telle que toute solution $x(t)$ avec $x(0) \in U_1$ est définie et dans U pour tout $t > 0$.

Définition A.3 (**Stabilité asymptotique**) On dit que $\bar{x}$ est un équilibre asymptotique stable de (A.1) si pour tout voisinage $U \subset W$ de $\bar{x}$ il existe un voisinage $U_1 \subset U$ de $\bar{x}$ telle que toute solution $x(t)$ avec $x(0) \in U_1$ est définie et dans U pour tout $t > 0$ et $\lim_{t \to \infty} x(t) = \bar{x}$.

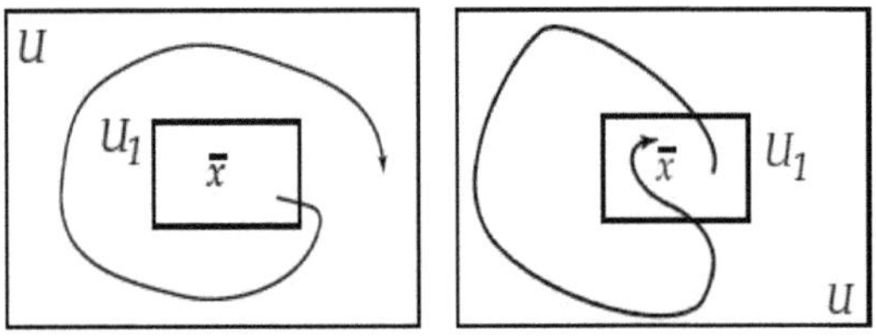

(a) stabilité (b) stabilité asymptotique

FIGURE A.1 – *Les types de stabilité*

Définition A.4 (**Stabilité asymptotique globale**) On dit que $\bar{x}$ est un équilibre globalement asymptotiquement stable de de (A.1) si $\bar{x}$ est asymptotiquement stable pour tout $x(0) \in W$.

A.1.3 Propriétés dynamiques

Soit Ω un sous ensemble de $\mathbb{R}^n$. Considérons l'équation différentielle autonome définie par

$$x' = f(x) \tag{A.2}$$

Définition A.5 **(Ensemble absorbant)** Supposons que le système (A.2) est tel que f est de classe C^1 et que Ω est un ouvert de $\mathbb{R}^n$. Supposons de plus que cette équation admet des solutions quel que soit $t \geq 0$. Un voisinage $\mathcal{D}$ de Ω est dit absorbant suivant (A.2) si tout voisinage borné de K de Ω satisfait $f(t,K) \subset \overset{o}{\mathcal{D}}$ pour tout $t \geq 0$ (resp. $t \leq 0$).

Définition A.6 **(Ensemble invariant)** On dit qu'un ensemble M est positivement invariant pour le système $x' = f(x)$ si pour tout $x_0 \in M$ on a $x(t, x_0) \in M$ pour tout $t \geq 0$. On définit de façon analogue négativement invariant. On dit qu'un ensemble est invariant s'il est positivement et négativement invariant.

Définition A.7 **(Orbite)** On appelle orbite positive $\gamma^+(x_0)$ issue de x_0 l'ensemble $\{x(t, x_0) | t \geq 0\}$.
L'orbite est définie par : $\gamma(x_0) = \{x(t, x_0) | t \in \mathbb{R}\}$.
Un ensemble est positivement invariant si $\gamma^+(M) \subset M$, invariant s'il contient l'orbite de chacun de ses points.

Définition A.8 **(ω-limite)** Un point p est appelé point ω-limite de l'orbite $\gamma(x_0)$, s'il existe une suite strictement croissante de réels $t_1, \ldots, t_k$ telle que

$$\lim_{k \to +\infty} x(t_k, x_0) = p$$

Cette définition ne dépend que de l'orbite γ et non de x_0.

Théorème A.1 Si l'orbite positive $\gamma^+(x_0)$ est bornée alors l'ensemble des points ω-limit, $\omega(\gamma)$ est un ensemble non vide, compact, connexe et invariant.

Théorème A.2 **(Poincarée-Bendixson)** On considère l'équation $x' = f(x)$ dans $\mathbb{R}^2$. On suppose que ω^+ est une orbite positive bornée et que $\omega(\gamma^+)$ ne contient pas de points singuliers (équilibres). Alors $\omega(\gamma^+)$ est une orbite périodique. Si $\omega(\gamma^+) \neq \gamma^+$ cette orbite périodique s'appelle un cycle-limite.

A.2 Critère de Routh-Hurwitz

On va être amené à regarder précisément le signe des parties réelles des valeurs propres de matrices. Or il n'est pas toujours facile de les calculer explicitement. C'est pourquoi nous allons utiliser le critère de Routh-Hurwitz qui donne des renseignements sur le signe des parties réelles des racines d'un polynôme à partir de ses coefficients. L'application de ce critère pour l'étude du polynôme caractéristique permet alors d'en déduire des renseignements sur la stabilité des équilibres. On considère un polynôme P, de degré n, $n \in \mathbb{N}$.

$$P(X) = \sum_{i=0}^{n} a_i X^i$$

Condition nécessaire : Une condition nécessaire de stabilité est que tous les coefficients a_i de $P(X)$ soient strictement de même signe.

Condition nécessaire et suffisante : Si la condition nécessaire est vérifiée, if faut construire le tableau de Routh.

Dans ce cas on forme le tableau de Routh défini par :

$$\begin{array}{c|cccc}
X^n & a_n & a_{n-2} & a_{n-4} & \cdots \\
X^{n-1} & a_{n-1} & a_{n-3} & a_{n-5} & \cdots \\
X^{n-2} & b_{n-2} & b_{n-4} & b_{n-6} & \cdots \\
X^{n-3} & c_{n-3} & & & \cdots \\
\vdots & \vdots & \vdots & \vdots & \cdots \\
\vdots & \vdots & \vdots & \vdots & \cdots \\
X^1 & & & & \cdots \\
X^0 & & & & \cdots
\end{array}$$

avec : $b_{n-i} = \frac{-1}{a_{n-1}} \begin{vmatrix} a_n & a_{n-i} \\ a_{n-1} & a_{n-i-1} \end{vmatrix}$ et $c_{n-j} = \frac{-1}{b_{n-2}} \begin{vmatrix} a_{n-1} & a_{n-j} \\ b_{n-2} & b_{n-j-1} \end{vmatrix}$

Le tableau a au plus $n+1$ lignes (n : ordre de $P(X)$).

Énoncer du critère de Routh : Un système est asymptotiquement stable si et seulement si tous les coefficients de la première colonne du tableau de Routh sont tous de même signe.

Remarques :
- Le nombre de changements de signe dans la première colonne est égal au nombre de pôles à parties réelles positives.
- Si dans la première colonne il existe un élément nul, le système admet au moins un pôle à partie réelle positive ou une paire de pôles conjugués imaginaires purs.

A.3 Méthodes de Lyapunov

La stabilité au sens de Lyapunov est une traduction mathématique d'une constatation élémentaire : si l'énergie totale d'un système se dissipe continument alors ce système tend à atteindre un état d'équilibre. La méthode directe cherche donc à étudier les variations d'une fonction scalaire pour conclure quant à la stabilité du système (Khalil et Grizzle 2002).

Soit $V : \Omega \subset \mathbb{R} \rightarrow \mathbb{R}$ une fonction continue ;

Définition A.9 La fonction V est dite définie positive si $V(x_0) = 0$ et $V(x) > 0$ dans un voisinage Ω_0 de x_0 pour tout $x \neq x_0$ dans ce voisinage ;
La fonction V est dite définie négative si $-V$ est définie positive ;
La fonction V est dite semi-positive si $V(x_0) = 0$ et $V(x) \geq 0$ dans un voisinage Ω_0 de x_0.

Définition A.10 **(Fonction de Lyapunov)** Une fonction $V : \Omega \to \mathbb{R}$ est dite fonction de Lyapunov pour le système (A.1) si elle est décroissante le long des trajectoires du système. Si V est de classe $\mathbb{C}^1$, cela revient à dire que sa dérivée $\dot{V}$ par rapport au système (A.1) est négative sur Ω, c'est-à-dire, $\dot{V}(x) \leq 0$ pour tout $x \in \Omega$.

La théorie de Lyapunov joue un rôle très important dans l'étude théorique de la stabilité des systèmes non linéaires.

Théorème A.3 **(Théorème de Lyapunov** (LaSalle et Lefschetz 1963)) Si la fonction V est définie positive et $\dot{V}$ semi-définie négative sur Ω, alors le point d'équilibre x_0 est stable pour le système (A.1).
Si la fonction V est définie positive et $\dot{V}$ définie négative sur Ω, alors x_0 est un point d'équilibre asymptotiquement stable pour le système (A.1).

Ce théorème affirme que pour montrer qu'un point d'équilibre x_0 est stable, il suffit de trouver une fonction de Lyapunov en ce point. Par ailleurs, pour utiliser le théorème original de Lyapunov pour montrer la stabilité asymptotique d'un système donné, nous devons déterminer une fonction V définie positive dont la dérivée $\dot{V}$ est définie négative. Dans le cas général, ceci n'est pas évident.La condition sur la dérivée $\dot{V}$ peut être allégée en utilisant le principe de LaSalle.

Théorème A.4 **(Principe d'invariance de LaSalle** (LaSalle 1976, LaSalle et Lefschetz 1963)) Soit Ω un sous-ensemble de $\mathbb{R}^n$; supposons que Ω est un ouvert positivement invariant pour le système (A.1) en x_0. Soit $V : \Omega \to \mathbb{R}$ une fonction de classe $\mathbb{C}^1$ pour le système (A.1) en x_0 telle que :

1. $\dot{V} \leq 0$ sur Ω ;
2. soient $E = \{x \in \Omega | \dot{V}(x) = 0\}$ et L le plus grand ensemble invariant par f et contenu dans E.

Alors, toute solution bornée commençant dans Ω tend vers l'ensemble L lorsque le temps tend vers l'infini.

Ce théorème est un outil très important pour l'analyse des systèmes à la différence de Lyapunov, il n'exige ni de la fonction V d'être défini positive, ni de sa dérivée $\dot{V}$ d'être négative. Cependant, il fournit seulement des informations sur l'attractivité du système considéré au point d'équilibre x_0. Par exemple, il ne peut être utilisé pour prouver que les solutions tendent vers un point d'équilibre que lorsque l'ensemble L est réduit à ce point d'équilibre. Il n'indique pas si ce point d'équilibre est stable ou pas. Lorsqu'on veut établir la stabilité asymptotique d'un point d'équilibre x_0 de Ω, on utilise le corollaire suivant qui est une conséquence du principe d'invariance de LaSalle.

Corollaire A.1 (LaSalle et Lefschetz 1963) Supposons $\Omega \subset \mathbb{R}^n$ est un ouvert connexe tel que $x_0 \in \Omega$.
Soit $V : \mathbb{U} \to \mathbb{R}$ une fonction définie positive et de classe $\mathbb{C}^1$ telle que $\dot{V} \leq 0$ sur $\mathbb{U}$.
Soit $E = \{x \in \mathbb{U}; \dot{V}(x) = 0\}$; supposons que le plus grand ensemble positivement invariant contenu dans E est réduit au point x_0, alors, x_0 est un point d'équilibre asymptotiquement stable pour le système (A.1).
Si ces conditions sont satisfaites pour $\mathbb{U} = \Omega$ si de plus V est propre sur Ω, c'est-à-dire si $\lim V(x) = +\infty$ lorsque $d(x, \frac{\partial}{\partial x}\Omega) + \|x\| \longrightarrow +\infty$ alors toutes les trajectoires bornées pour $t \geq 0$ et x_0 est un point d'équilibre globalement stable pour le système (A.1) ; avec comme convention $d(x, \oslash) = 0$ où d est la distance entre x et $\frac{\partial}{\partial x}\Omega$.

Le théorème de Lyapunov est un cas spécial du résultat précédent. Il est à noter qu'il n'est pas nécessaires que l'ensemble Ω soit borné.

Corollaire A.2 Sous les hypothèses du théorème précédent, si l'ensemble L est réduit au point $x_0 \in \Omega$, alors x_0 est un point d'équilibre globalement asymptotiquement stable pour le système (A.1) défini sur Ω.

A.4 Étude de la stabilité globale

Dans cette annexe, nous détaillons une méthode qui peut être utilisée pour prouver la stabilité globale d'un équilibre au cas où les autres méthodes n'aboutissent pas (Yang *et al.* 2010). Le cadre général de cette méthode est élaboré dans les articles Smith (1986) et Li et Muldowney (1995b; 1996). Cette méthode a été détaillée dans Li et Muldowney (1996).

Soit $x \longmapsto f(x) \in \mathbb{R}^n$ une fonction de classe $\mathcal{C}^1$ dans un ouvert $\mathcal{O} \subset \mathbb{R}^n$. On considère l'équation différentielle :

$$x' = f(x). \tag{A.3}$$

On note par $x(t, x_0)$ la solution de (A.3) qui vérifie $x(0, x_0) = x_0$. On suppose de plus :

H1 : Il existe un compact absorbant $\mathcal{D} \subset \mathcal{O}$.

H1 : L'équation (A.3) possède un unique équilibre dans $\mathcal{D}$.

L'équilibre x^* est globalement stable en $\mathcal{D}$ s'il est localement stable et toutes les trajectoires dans $\mathcal{D}$ convergent vers x^*. L'approche suivante de la stabilité globale est formulée dans Li et Muldowney (1996).

Théorème A.5 (**Global-stability problem**) Sous les hypothèses (H1) et (H2), on trouve des conditions sur (A.3) de telle sorte que la stabilité locale de x^* implique sa stabilité globale dans $\mathcal{D}$.

Les hypothèses (H1) et (H2) sont satisfaites si x^* est globalement stable dans U. Pour $n \geq 2$, le critère de Bendixson est une condition satisfaite par la fonction f qui prouve la non-existence d'une solution périodique non-constante de (A.3). Le critère Bendixson est dit robuste pour des $\mathcal{C}^1$ perturbations locales de f en $x_1 \in U$ si, pour $\epsilon \geq 0$ suffisamment petit et

U un voisinage de x_1, il est également vérifié par $g \in \mathcal{C}^1(\mathcal{D} \longrightarrow \mathbb{R}^n)$ telle que le support $supp(f-g) \subset U$ et $|f-g|_{\mathcal{C}^1} < \epsilon$, où

$$|f-g|_{\mathcal{C}^1} = sup\left\{|f(x)-g(x)| + \left|\frac{\partial f}{\partial x}(x) + \frac{\partial g}{\partial x}(x)\right| : x \in U\right\}$$

On appelle g une ϵ-perturbation locale de f en x_1. On peut vérifier que la condition classique de Bendixson de $divf(x) < 0$ pour $n = 2$ est robuste pour des $\mathcal{C}^1$ perturbations locales de f en chaque $x_1 \in \mathbb{R}^2$. Des conditions de Bendixson pour système de dimensions supérieures qui sont $\mathcal{C}^1$ robustes sont discutées dans Li et Muldowney (1996; 1995b; 1993).

Un point $x_0 \in U$ est errant (*wandering point*) pour (A.3) s'il existe un voisinage U de x_0 et $T > 0$ tel que $U \cap x(t, U)$ est vide pour tout $t > T$. Ainsi, par exemple, tous les équilibres et les points limites sont non errants (*non-wandering point*). Ce qui suit est une version du *Pugh's closing lemma* (Hirsch 1991, Pugh 1967, Pugh et Robinson 1983).

Lemme A.1 Soit $f \in \mathcal{C}^1(\mathcal{D} \longrightarrow \mathbb{R}^2)$. Supposons que toutes les semi-trajectoires positives de (A.3) sont liées. Supposons que x_0 est un point non errant (*non-wandering point*) de (A.3) et que $f(x_0) \neq 0$. Alors, pour tout voisinage U de x_0 et $\epsilon > 0$, il existe une $\mathcal{C}^1$ perturbation locale g de f en x_0 tel que
a) $supp(f-g) \subset U$ et
b) le système perturbé $x' = g(x)$ est une solution périodique non constante dont la trajectoire passe par x_0.

Le principe général suivant de la stabilité globale est établi dans Li et Muldowney (1996).

Théorème A.6 Supposons que les hypothèses (H1) et (H2) sont satisfaites. Supposons que (A.3) vérifie le critère Bendixson qui est robuste pour des $\mathcal{C}^1$ perturbations locales de f dans tous les points de non-équilibre et non errants (*non-equilibrium non-wandering points*) pour (A.3). Alors x^* est globalement stable en U s'il est stable.

Une méthode basée sur le critère Bendixson dans $\mathbb{R}^n$ est développée dans Coppel (1965). L'idée est de montrer que l'équation du second composé (*second compound equation*) :

$$z'(t) = \frac{\partial f^{[2]}}{\partial x}(x(t, x_0))z(t), \tag{A.4}$$

pour une solution $x(t, x_0) \subset \mathcal{D}$ de (A.3), est uniformément asymptotiquement stable, et le taux de décroissance exponentielle de l'ensemble des solutions de (A.4) est uniforme pour x_0 dans chaque sous-ensemble compact de U. Ici $\frac{\partial f^{[2]}}{\partial x}$ est la deuxième matrice composée additive (*second additive compound matrix*) de la matrice jacobienne $\frac{\partial f}{\partial x}$, voir l'annexe A.5. Il s'agit d'une $\binom{n}{2} \times \binom{n}{2}$ matrice, et donc (A.4) est un système linéaire de dimension $\binom{n}{2}$. La stabilité asymptotique uniforme requise du système (A.4) peut être prouvée par la construction d'une fonction de Lyapunov adaptée.

Soit $x \longmapsto P(x)$, une $\binom{n}{2} \times \binom{n}{2}$ fonction de valeurs matricielles (*matrix-valued function*) de classe C^1 pour tout $x \in U$. Supposons que $P^{-1}(x)$ existe et est continue pour tout $x \in \mathcal{D}$, le compact absorbant. On définie $\overline{q_2}$ comme :

$$\overline{q_2} = \limsup_{t \longrightarrow \infty} \sup_{x_0 \in \mathcal{D}} \frac{1}{t} \int_t^0 \mu(B(x(s, x_0)))ds, \tag{A.5}$$

où

$$B = P_f P^{-1} + P \frac{\partial f^{[2]}}{\partial x} P^{-1}, \tag{A.6}$$

la matrice P_f est obtenu en remplaçant chaque entrée de p_{ij} dans P par sa dérivée par rapport la direction f, p_{ijf}. La quantité $\mu(B)$ est la mesure Lozinskii de B par rapport à la norme vectorielle $|.|$ dans $\mathbb{R}^N$, $N = \binom{n}{2}$, défini par

$$\mu(B) = \lim_{h \longrightarrow 0^+} \frac{|I + hB| - 1}{h},$$

voir Coppel (1965) pour plus de détails. En suite, on a le résultat de stabilité globale suivant (Li et Muldowney 1996).

Théorème A.7 Supposons que U est simplement connexe et que les hypothèses (H1), (H2) sont satisfaites. Alors l'unique équilibre x^* de (A.3) est globalement stable dans U si $\overline{q_2} < 0$.

A.5 Second Additive Compound Matrix

Soit A un opérateur linéaire sur $\mathbb{R}^n$ présenté dans la base canonique de $\mathbb{R}^n$. Soit $\wedge^2\mathbb{R}^n$ le produit extérieur de $\mathbb{R}^n$. A induit canoniquement un opérateur linéaire $A^{[2]}$ de $\wedge^2\mathbb{R}^n$: pour $u_1, u_2 \in \mathbb{R}^n$, on définie

$$A^{[2]}(u_1 \wedge u_2) := A(u_1) \wedge u_2 + u_1 \wedge A(u_2)$$

on étend la définition sur $\wedge^2\mathbb{R}^n$ par linéarité. La représentation matricielle de $A^{[2]}$ par rapport à la base $\wedge^2\mathbb{R}^n$ est appelée la seconde matrice composée additive composée (*second additive compound matrix*) de A. C'est une $\binom{n}{2} \times \binom{n}{2}$ matrice qui satisfait la propriété $(A + B)^{[2]} = A^{[2]} + B^{[2]}$. Dans le cas où $n = 2$, on a $A^{[2]}_{2\times 2} = tr A^{[2]}$. En général, chaque entrée de $A^{[2]}$ est une combinaison linéaire de ceux de A. Par exemple, lorsque $n = 3$, la seconde matrice composée additive de $A = (a_{ij})$ est

$$A^{[2]} = \begin{pmatrix} a_{11} + a_{22} & a_{23} & -a_{13} \\ a_{32} & a_{11} + a_{33} & a_{12} \\ -a_{31} & a_{21} & a_{22} + a_{33} \end{pmatrix}$$

Pour plus de détails sur les matrices composées et leurs propriétés, nous renvoyons le lecteur à Fiedler (1974) et Muldowney (1990). Une étude exhaustive sur les matrices composées et leurs relations aux équations différentielles est donnée dans Muldowney (1990).

A.6 Méthode de Van den Driessche et Watmough pour le calcul de $\mathcal{R}_0$

Nous présentons brièvement la méthode développée par van den Driessche et Watmough (2002) pour le calcul de $\mathcal{R}_0$. Considérons une épidémie modélisée par un système d'équations différentielles ordinaires de la forme :

$$\frac{dx_i}{dt} = f_i(x), \quad x_i(0) \geq 0, \quad i = 1, \ldots, n, \quad x = (x_1, \ldots, x_n)^T. \tag{A.7}$$

Supposons qu'il existe n compartiments dans lesquels les m premiers compartiments sont infectés. Soit

$$X_s = \{x \geq 0 : x_i = 0, i = 1, \ldots, m\},$$

l'ensemble de tous les états sans maladie.

Soient $\mathcal{F}_i(x)$ le taux d'apparition de nouveaux cas d'infections dans le compartiment i ; $\mathcal{V}_i^+(x)$ le taux de transfert (entrant) des individus dans le compartiment i et $\mathcal{V}_i^-(x)$ le taux de transfert (sortant) des individus hors du compartiment i. Chaque fonction est supposée être au moins deux fois différentiable par rapport à la variable x. En posant $\mathcal{V}_i(x) = \mathcal{V}_i^-(x) - \mathcal{V}_i^+(x)$; le système (A.7) se met sous la forme $\frac{dx}{dt} = \mathcal{F}(x) - \mathcal{V}(x)$. Les fonctions $\mathcal{F}_i, \mathcal{V}_i^+, \mathcal{V}_i^-$ vérifient les hypothèses suivantes :

H1 : si $x \geq 0$, alors $\mathcal{F}_i(x), \mathcal{V}_i^+(x), \mathcal{V}_i^-(x) \geq 0$ pour $i = 1, \ldots, m$

H2 : si $x_i = 0$, alors $\mathcal{V}_i^- = 0$. En particulier, si $x \in X_s$ alors $\mathcal{V}_i^- = 0$ pour $i = 1, \ldots, m$

H3 : $\mathcal{F}_i(0) = 0$ pour $i > m$

H4 : si $x \in X_s$, alors $\mathcal{F}_i(x) = \mathcal{V}_i^+(x) = 0$ pour pour $i = 1, \ldots, m$

H5 : si $\mathcal{F}(x) = 0$ alors toutes les valeurs propres de la matrice jacobienne $Df(x_0)$ ont des parties réelles négatives à un point $x_0 \in X_s$

Sous les conditions précédentes, pour un $x_0 \in X_s$, les matrices F et V définies par :

$$F = \left[\frac{d\mathcal{F}_i}{dx_j}(x_0)\right] \text{ et } V = \left[\frac{d\mathcal{V}_i}{dx_j}(x_0)\right] \; 1 \leq i, j \leq m$$

sont telles que : F est non négative et V est inversible.
La matrice FV^{-1} est appelée opérateur de la prochaine génération. L'élément (i,k) de FV^{-1} est interprété comme le nombre de nouvelles infections attendues dans le compartiment i produit par l'individu infecté présenté originellement dans le compartiment k. Dans cette méthode, $\mathcal{R}_0$ est défini par le rayon spectral de l'opérateur de la prochaine génération (i.e. $\mathcal{R}_0 = \rho(FV^{-1})$).

Théorème A.8 (van den Driessche et Watmough 2002) Sous les conditions (H1)-(H5), si $\mathcal{R}_0 < 1$ alors le point, x_0 est localement asymptotiquement stable par contre si $\mathcal{R}_0 > 1$, alors x_0 est instable.

A.7 Questionnaire de l'enquête de vaccination

Questionnaire vaccination

Village	Date

1) Organisation et préparation de la campagne de vaccination

1-a) Quels sont les objectifs fixés par les organisateurs de la campagne de vaccination ?

1-b) Vaccin

Nom du vaccin		
Types		
Combiné avec d'autres maladies ?		
Date d'achat		
Lieu d'achat / fournisseur		
Prix		
Quantité		
Nombre de dose par paquet		
Conservation	Température	
	Obscurité	

1-c) Comment choisir les villages ? Les dates ?

1-d) Quel est la nature des vaccinateurs et leur niveau de formation ?

1-e) Comment prévenir des dates de passage dans les villages (dans les marchés, chef du village, autre, ...) ?

1-f) Date de la dernière campagne de vaccination ? Fréquences des campagnes ?

2) Déroulement de la campagne de vaccination

2-a) Propriétaires de volailles

Nombre de propriétaires de volailles	Nombre de propriétaires concernés par la vaccination

2-b) Volailles élevés

Espèces	Classes d'âge	Nombres	Nombre de vaccinés
Poules	Oisillons		
	Adultes		
Canards	Oisillons		
	Adultes		
Oies	Oisillons		
	Adultes		
Autres	Oisillons		
	Adultes		

2-c) La logistique mise en place : déplacements des vaccinateurs, chaine du froid ?

2-d) Quelle est la durée (minimale et maximale) d'utilisation effective du vaccin après sortie du frais ?

2-e) Dans quel lieu vous rencontrez les propriétaires de volailles (lieu commun, un par un, ...) ?

2-f) Quels sont les critères de choix des animaux vaccinés ? Et quelles sont les modalités de rassemblement de ces animaux ?

Bibliographie

Alders, R. (2001). Sustainable control of Newcastle disease in rural areas. *In Australian Centre for International Agricultural Research (ACIAR) Proceedings*, pages 80–90. (Cité page 11.)

Alders, R. et Spradbrow, P. B. (2001a). *Controlling Newcastle disease in village chickens : a field manual.* Australian Centre for International Agricultural Research (ACIAR). (Cité pages 43 et 45.)

Alders, R. et Spradbrow, P. B. (2001b). SADC planning workshop on Newcastle Disease control in village chickens : Maputo, Mozambique, 6-9 Mars, 2000. volume 103. Australian Centre for International Agricultural Research (ACIAR). (Cité pages 7, 25 et 31.)

Aldous, E. W. et Alexander, D. J. (2008). Newcastle disease in pheasants (*Phasianus colchicus*) : A review. *The Veterinary Journal*, 175(2):181–185. (Cité page 21.)

Aldous, E. W., Mynn, J. K., Banks, J. et Alexander, D. J. (2003). A molecular epidemiological study of avian paramyxovirus type 1 (Newcastle disease virus) isolates by phylogenetic analysis of a partial nucleotide sequence of the fusion protein gene. *Avian Pathology*, 32(3):239–256. (Cité page 17.)

Alexander, D. J. (1988a). Newcastle disease diagnosis. *In Newcastle disease*, pages 147–160. Springer. (Cité page 14.)

Alexander, D. J. (1988b). Newcastle disease : Methods of spread. *Kluwer Academic*, pages 256–272. (Cité pages 23, 24 et 31.)

Alexander, D. J. (1990). Paramyxoviridae (Newcastle disease and others). *Poultry Diseases*, pages 121–136. (Cité pages 7 et 13.)

Alexander, D. J. (2000). Newcastle disease and other avian paramyxoviruses. *Revue Scientifique et Technique*, 19(2):443–462. (Cité pages 11, 14, 20, 21, 23, 24 et 26.)

Alexander, D. J. (2001). Newcastle disease. *British poultry science*, 42(1):5–22. (Cité page 11.)

Alexander, D. J. (2008). *Newcastle disease World Organisation for Animal Health Manual of Diagnostic Tests and Vaccines for Terrestrial Animals*, volume 2.3.14. OIE, Paris, 6 édition. (Cité pages 7 et 11.)

Alexander, D. J., Aldous, E. W. et Fuller, C. M. (2012). The long view : a selective review of 40 years of Newcastle disease research. *Avian Pathology*, 41(4):329–335. (Cité page 11.)

ALEXANDER, D. J., BANKS, J., COLLINS, M. S., MANVELL, R. J., FROST, K. M., SPEIDEL, E. C. et ALDOUS, E. W. (1999). Experimental assessment of the pathogenicity of the newcastle disease viruses from outbreaks in great britain in 1997 for chickens and turkeys, and the protection afforded by vaccination. *Avian Pathology*, 28:501–511. (Cité page 24.)

ALEXANDER, D. J., MANVELL, R. J. et PARSONS, G. (2006). Newcastle disease virus (strain herts 33/56) in tissues and organs of chickens infected experimentally. *Avian Pathology*, 35(2):99–101. (Cité page 16.)

ALEXANDER, M., BOWMAN, C., MOGHADAS, S., SUMMERS, R., GUMEL, A. et SAHAI, B. (2004). A vaccination model for transmission dynamics of influenza. *SIAM Journal on Applied Dynamical Systems*, 3(4):503–524. (Cité page 53.)

ALLAN, W. H., LANCASTER, J. E. et TOTH, B. (1978). *Newcastle disease vaccines, their production and use.* Food and Agriculture Organization of the United Nations. (Cité page 27.)

ALLIGOOD, K., SAUER, T. et YORKE, J. (1997). *Chaos : An Introduction to Dynamical Systems*. Chaos : An Introduction to Dynamical Systems. New York, NY. (Cité page 155.)

ANDERSON, R. M. et MAY, R. M. (1982). Directly transmitted infections diseases : control by vaccination. *Science*, 215(4536):1053–1060. (Cité page 44.)

ANDERSON, R. M. et MAY, R. M. (1992). *Infectious Diseases of Humans : Dynamics and Control*. Oxford Science Publications. OUP Oxford. (Cité pages 49, 51, 55, 62 et 63.)

ANDERSON, R. M., MAY, R. M. et ANDERSON, B. (1992). *Infectious diseases of humans : dynamics and control*, volume 28. Wiley Online Library. (Cité page 21.)

ASADULLAH, M. et SPRADBROW, P. B. (1991). Village chickens and newcastle disease in bangladesh. *In* (Proceedings No. 39 ; Australian Centre for International Agricultural research (ACIAR), C., éditeur : *Newcastle Disease in Village Chickens, Control with Thermostable Oral Vaccines*, pages 161–162. P.B. Spradbrow. (Cité page 22.)

BACAËR, N. et GUERNAOUI, S. (2006). The epidemic threshold of vectorborne diseases with seasonality : the case of cutaneous leishmaniasis in chichaoua, morocco. *Journal of Mathematical Biology*, 53(3):421–436. (Cité page 149.)

BACAËR, N. et OUIFKI, R. (2007). Growth rate and basic reproduction number for population models with a simple periodic factor. *Mathematical Biosciences*, 210(2):647–658. (Cité page 149.)

BAILEY, N. (1975). *The mathematical theory of infectious diseases and its applications*. Charles Griffin & Company Ltd, 5a Crendon Street, High Wycombe, Bucks HP13 6LE. (Cité pages 49 et 55.)

BAINOV, D. et SIMEONOV, P. (1993). *Impulsive Differential Equations : Periodic Solutions and Applications*. Monographs and Surveys in Pure and Applied Mathematics. Taylor & Francis. (Cité page 151.)

BARTLETT, M. (1960). The critical community size for measles in the united states. *Journal of the Royal Statistical Society. Series A (General)*, pages 37–44. (Cité page 49.)

BEARD, C. et HANSON, R. (1984). *Diseases of Poultry*, chapitre Newcastle disease, pages 452–470. Iowa State University Press, Ames, 8th édition. (Cité pages 7 et 11.)

BELL, J., KANE, M. et LEJAN, C. (1990). An investigation of the disease status of village poultry in mauritania. *Preventive Veterinary Medicine*, 8(4):291–294. (Cité page 23.)

BENCINA, D., NARAT, M., BIDOVEC, A. et ZORMAN-ROJS, O. (2005). Transfer of maternal immunoglobulins and antibodies to Mycoplasma gallisepticum and Mycoplasma synoviae to the allantoic and amniotic fluid of chicken embryos. *Avian Pathology*, 34(6):463–472. (Cité page 134.)

BERGÉ, P., POMEAU, Y. et VIDAL, C. (1992). *L'Ordre dans le chaos*. Hermann. (Cité page 155.)

BERMUDEZ, A. J. (2003). *Diseases of poultry*, chapitre Principles of disease prevention : diagnosis and control, pages 03–60. Ames, IA, USA : Iowas State University Press. (Cité page 46.)

BERMUDEZ, A. J. et STEWART, B. B. (2003). *Diseases of poultry*, chapitre Disease prevention and diagnostic, pages 03–60. Ames, IA, USA : Iowas State University Press. (Cité page 46.)

BERNOULLI, D. (1760). Essai d'une nouvelle analyse de la mortalité causée par la petite vérole et des avantages de l'inoculum pour la prévenir. *Mémoires de Mathématique et de Physique, Académie Royale des Sciences Paris*, pages 1–45. (Cité page 49.)

BIANCIFIORI, F. et FIORONI, A. (1983). An occurrence of Newcastle disease in pigeons : virological and serological studies on the isolates. *Comparative Immunology, Microbiology and Infectious Diseases*, 6(3):247–252. (Cité pages 14 et 31.)

BLANCHONG, J. A., SAMUEL, M. D., GOLDBERG, D. R., SHADDUCK, D. J. et LEHR, M. A. (2006). Persistence of Pasteurella multocida in wetlands following avian cholera outbreaks. *Journal of Wildlife Diseases*, 42(1):33–39. (Cité page 65.)

BLOWER, S. M., PORCO, T. C. et DARBY, G. (1998). Predicting and preventing the emergence of antiviral drug resistance in HSV-2. *Nature Medecine*, 4(6):673–678. (Cité pages 55 et 61.)

BOYD, R. J. et HANSON, R. P. (1958). Survival of Newcastle disease virus in nature. *Avian Diseases*, 2(1):82–93. (Cité page 22.)

Brauer, F. (1990). Models for the spread of universally fatal diseases. *Journal of Mathematical Biology*, 28(4):451–462. (Cité page 141.)

Brauer, F. et Castillo-Chávez, C. (2001). Basic ideas of mathematical epidemiology. *In Mathematical Models in Population Biology and Epidemiology*, pages 275–337. Springer. (Cité page 63.)

Breban, R., Drake, J. M. et Rohani, P. (2010). A general multi-strain model with environmental transmission : invasion conditions for the disease-free and endemic states. *Journal of Theoretical Biology*, 264(3):729–736. (Cité page 66.)

Breban, R., Drake, J. M., Stallknecht, D. E. et Rohani, P. (2009). The role of environmental transmission in recurrent avian influenza epidemics. *PLoS Computational Biology*, 5(4):e1000346. (Cité page 66.)

Breban, R., McGowan, I., Topaz, C., Schwartz, E. J., Anton, P. et Blower, S. (2006). Modeling the potential impact of rectal microbicides to reduce HIV transmission in bathhouses. *Mathematical Biosciences and Engineering*, 3(3):459–466. (Cité page 53.)

Burmester, B. R., Cunningham, C. H., Cottral, G. E., Belding, R. C. et Gentry, R. F. (1956). The transmission of visceral lymphomatosis with live virus Newcastle disease vaccines. *American Journal of Veterinary Research*, 17(63):283–289. (Cité page 26.)

Capasso, V. et Serio, G. (1978). A generalization of the Kermack-McKendrick deterministic epidemic model. *Mathematical Biosciences*, 42(1):43–61. (Cité page 54.)

Capua, I., Scacchia, M., Toscani, T. et Caporale, V. (1993). Unexpected isolation of virulent Newcastle disease virus from commercial embryonated fowls' eggs. *Zentralbl Veterinarmed B*, 40(9-10):609–612. (Cité page 21.)

Chen, J. P. et Wang, C. H. (2002). Clinical epidemiologic and experimental evidence for the transmission of Newcastle disease virus through eggs. *Avian Diseases*, 46(2):461–465. (Cité page 21.)

Choisy, M., Guégan, J.-F. et Rohani, P. (2006). Dynamics of infectious diseases and pulse vaccination : Teasing apart the embedded resonance effects. *Physica D : Nonlinear Phenomena*, 223(1):26 – 35. (Cité page 151.)

Chowell, G., Nishiura, H. et Bettencourt, L. M. A. (2007). Comparative estimation of the reproduction number for pandemic influenza from daily case notification data. *Journal of the Royal Society, Interface*, 4(12): 155–166. (Cité page 55.)

Chukwudi, O. E., Chukwuemeka, E. D. et Mary, U. (2012). Newcastle disease virus shedding among healthy commercial chickens and its epidemiological importance. *Pakistan Veterinary Journal*, 32(3). (Cité page 16.)

Codeço, C. T. (2001). Endemic and epidemic dynamics of cholera : the role of the aquatic reservoir. *BMC Infectious Diseases*, 1:1. (Cité pages 66 et 68.)

CODEÇO, C. T., LELE, S., PASCUAL, M., BOUMA, M. et KO, A. I. (2008). A stochastic model for ecological systems with strong nonlinear response to environmental drivers : application to two water-borne diseases. *Journal of the Royal Society, Interface*, 5(19):247–252. (Cité page 66.)

COLLINS, M. S., BASHIRUDDIN, J. B. et ALEXANDER, D. J. (1993). Deduced amino acid sequences at the fusion protein cleavage site of Newcastle disease viruses showing variation in antigenicity and pathogenicity. *Archives of virology*, 128(3-4):363–370. (Cité page 21.)

COLLINS, M. S., FRANKLIN, S., STRONG, I., MEULEMANS, G. et ALEXANDER, D. J. (1998). Antigenic and phylogenetic studies on a variant Newcastle disease virus using anti-fusion protein monoclonal antibodies and partial sequencing of the fusion protein gene. *Avian Pathology*, 27(1):90–96. (Cité page 17.)

COOKE, K. L. et VAN DEN DRIESSCHE, P. (1996). Analysis of an seirs epidemic model with two delays. *Journal of Mathematical Biology*, 35(2):240–260. (Cité page 141.)

COPLAND, J. W. (1987). Newcastle disease in poultry : A new food pellet vaccine. Monographs, Australian Centre for International Agricultural Research. (Cité page 11.)

COPPEL, W. (1965). *Stability and asymptotic behavior of differential equations*, volume 11. Heath Boston. (Cité pages 161 et 162.)

CZEGLÉDI, A., HERCZEG, J., HADJIEV, G., DOUMANOVA, L., WEHMANN, E. et LOMNICZI, B. (2002). The occurrence of five major Newcastle disease virus genotypes (II, IV, V, VI and VIIb) in Bulgaria between 1959 and 1996. *Epidemiology and Infection*, 129(3):679–688. (Cité page 17.)

CZEGLÉDI, A., UJVÁRI, D., SOMOGYI, E., WEHMANN, E., WERNER, O. et LOMNICZI, B. (2006). Third genome size category of avian paramyxovirus serotype 1 (Newcastle disease virus) and evolutionary implications. *Virus Research*, 120(1-2):36–48. (Cité pages 16, 17 et 18.)

DAI, Y., LIU, M., CHENG, X., SHEN, X., WEI, Y., ZHOU, S., YU, S. et DING, C. (2013). Infectivity and pathogenicity of Newcastle disease virus strains of different avian origin and different virulence for mallard ducklings. *Avian Diseases*, 57(1):8–14. (Cité page 16.)

DE ALMEIDA, R. S., HAMMOUMI, S., GIL, P., BRIAND, F. X., MOLIA, S., GAIDET, N., CAPPELLE, J., CHEVALIER, V., BALANÇA, G., TRAORÉ, A., GRILLET, C., MAMINIAINA, O. F., GUENDOUZ, S., DAKOUO, M., SAMAKÉ, K., BEZEID, O. E. M., DIARRA, A., CHAKA, H., GOUTARD, F., THOMPSON, P., MARTINEZ, D., JESTIN, V. et ALBINA, E. (2013). New avian paramyxoviruses type I strains identified in Africa provide new outcomes for phylogeny reconstruction and genotype classification. *PLoS One*, 8(10):e76413. (Cité pages 19 et 45.)

DE ALMEIDA, R. S., MAMINIAINA, O. F., GIL, P., HAMMOUMI, S., MOLIA, S., CHEVALIER, V., KOKO, M., ANDRIAMANIVO, H. R., TRAORÉ, A., SAMAKÉ, K., DIARRA, A., GRILLET, C., MARTINEZ, D. et ALBINA, E. (2009). Africa a reservoir of new virulent strains of Newcastle disease virus ? *Vaccine*, 27(24):3127–3129. (Cité pages 17 et 19.)

DE LEEUW, O. et PEETERS, B. (1999). Complete nucleotide sequence of Newcastle disease virus : evidence for the existence of a new genus within the subfamily Paramyxovirinae. *Journal of General Virology*, 80 (Pt 1):131–136. (Cité page 12.)

DE MAGNY, G. C., PAROISSIN, C., CAZELLES, B., de LARA, M., DELMAS, J. F. et GUÉGAN, J. F. (2005). Modeling environmental impacts of plankton reservoirs on cholera population dynamics. *In ESAIM : Proceedings*, volume 14, pages 156–173. (Cité pages 66 et 67.)

DEVANEY, R. (2003). *An Introduction to Chaotic Dynamical Systems*. Addison-Wesley studies in nonlinearity. Westview Press. (Cité page 149.)

DIEKMANN, O. et HEESTERBEEK, J. (2000). *Mathematical Epidemiology of Infectious Diseases : Model Building, Analysis and Interpretation*. Wiley series in mathematical and computational biology. John Wiley & Sons. (Cité pages 49, 51, 55, 59, 60, 62, 63 et 150.)

D'ONOFRIO, A. (2002). Stability properties of pulse vaccination strategy in SEIR epidemic model. *Mathematical Biosciences*, 179(1):57–72. (Cité page 151.)

DOYLE, T. M. (1927). A hitherto unrecorded disease of fowls due to a filter-passing virus. *Journal of Comparative Pathology and Therapeutics*, 40:144–169. (Cité page 11.)

DOYLE, T. M. (1935). Newcastle disease of fowls. *Journal of Comparative Pathology and Therapeutics*, 48:1–20. (Cité pages 11 et 21.)

EDELSTEIN-KESHET, L. (1988). *Mathematical models in biology*. Random House/Birkhäuser mathematics series. Random House. (Cité page 49.)

ERICKSON, G. A., MARÉ, C. J., GUSTAFSON, G. A., MILLER, L. D., PROCTOR, S. J. et CARBREY, E. A. (1977). Interactions between viscerotropic velogenic Newcastle diseases virus and pet birds of six species. I. Clinical and serologic responses, and viral excretion. *Avian Diseases*, 21(4):642–654. (Cité page 16.)

EZANNO, P. et LESNOFF, M. (2009). A metapopulation model for the spread and persistence of contagious bovine pleuropneumonia (CBPP) in african sedentary mixed crop-livestock systems. *Journal of Theoretical Biology*, 256(4):493–503. (Cité page 21.)

FIEDLER, M. (1974). Additive compound matrices and an inequality for eigenvalues of symmetric stochastic matrices. *Czechoslovak Mathematical Journal*, 24(3):392–402. (Cité page 162.)

FULFORD, G. R., ROBERTS, M. G. et HEESTERBEEK, J. A. P. (2002). The metapopulation dynamics of an infectious disease : tuberculosis in possums. *Theoretical Population Biology*, 61(1):15–29. (Cité page 21.)

GAFF, H. D., HARTLEY, D. M. et LEAHY, N. P. (2007). An epidemiological model of Rift Valley fever. *Electronic Journal of Differential Equations*, 2007. (Cité page 53.)

GAO, S., CHEN, L., NIETO, J. J. et TORRES, A. (2006). Analysis of a delayed epidemic model with pulse vaccination and saturation incidence. *Vaccine*, 24(35):6037–6045. (Cité page 151.)

GAO, S., CHEN, L. et TENG, Z. (2007a). Impulsive vaccination of an SEIRS model with time delay and varying total population size. *Bulletin of Mathematical Biology*, 69(2):731–745. (Cité page 151.)

GAO, S., TENG, Z., NIETO, J. J. et TORRES, A. (2007b). Analysis of an SIR epidemic model with pulse vaccination and distributed time delay. *Journal of Biomedicine and Biotechnology*, 2007:64870. (Cité page 150.)

GARBA, S. M., GUMEL, A. B. et ABU BAKAR, M. R. (2008). Backward bifurcations in dengue transmission dynamics. *Mathematical Biosciences*, 215(1):11–25. (Cité page 53.)

GEORGE, M. M. et SPRADBROW, P. (1991). Epidemiology of Newcastle disease and the need to vaccinate local chickens in Uganda. *In Newcastle disease in Village chickens-a Proceeding of an International Workshop held in Kuala Lumpur, Malaysia*, volume 39, pages 155–158. (Cité page 22.)

GILBERT, M., CHAITAWEESUB, P., PARAKAMAWONGSA, T., PREMASHTHIRA, S., TIENSIN, T., KALPRAVIDH, W., WAGNER, H. et SLINGENBERGH, J. (2006). Free-grazing ducks and highly pathogenic avian influenza, Thailand. *Emerging Infectious Diseases*, 12(2):227–234. (Cité pages 21 et 142.)

GILLETTE, K. G., CORIA, M. F., BONEY, Jr, W. et STONE, H. D. (1975). Viscerotropic velogenic Newcastle disease in Turkeys : virus shedding and persistence of infection in susceptible and vaccinated poults. *Avian Diseases*, 19(1):31–39. (Cité page 16.)

GÓMEZ, A. et AGUIRRE, A. A. (2008). Infectious diseases and the illegal wildlife trade. *Annals of the New York Academy of Sciences*, 1149:16–19. (Cité page 21.)

GOH, B. S. (1977). Global stability in many-species systems. *American Naturalist*, pages 135–143. (Cité page 142.)

GOULD, A. R., HANSSON, E., SELLECK, K., KATTENBELT, J. A., MACKENZIE, M. et DELLA-PORTA, A. J. (2003). Newcastle disease virus fusion and haemagglutinin-neuraminidase gene motifs as markers for viral lineage. *Avian Pathology*, 32(4):361–373. (Cité page 17.)

GRAVEL, K. A. et MORRISON, T. G. (2003). Interacting domains of the HN and F proteins of Newcastle disease virus. *Journal of Virology*, 77(20): 11040–11049. (Cité page 13.)

GRENFELL, B. et HARWOOD, J. (1997). (Meta)population dynamics of infectious diseases. *Trends in Ecology & Evolution*, 12(10):395–399. (Cité page 21.)

GUITTET, M., LE COQ, H. et PICAULT, J. P. (1997). Risques de transmission de la maladie de Newcastle par des produits avicoles contaminés. *Revue scientifique et technique-Office international des épizooties*, 16(1):79–82. (Cité page 24.)

HAMER, W. H. (1906). Epidemic disease in england. *The Lancet*, pages 733–739. (Cité page 49.)

HEESTERBEEK, J. et DIETZ, K. (1996). The concept of R_0 in epidemic theory. *Statistica Neerlandica*, 50(1):89–110. (Cité pages 55 et 58.)

HEFFERNAN, J. M. et WAHL, L. M. (2005). Monte Carlo estimates of natural variation in HIV infection. *Journal of Theoretical Biology*, 236(2):137–153. (Cité page 64.)

HENNING, J., MORTON, J., HLA, T. et MEERS, J. (2008). Mortality rates adjusted for unobserved deaths and associations with newcastle disease virus serology among unvaccinated village chickens in myanmar. *Preventive Veterinary Medicine*, 85(3-4):241–252. (Cité pages 43 et 148.)

HERCZEG, J., WEHMANN, E., BRAGG, R. R., TRAVASSOS DIAS, P. M., HADJIEV, G., WERNER, O. et LOMNICZI, B. (1999). Two novel genetic groups (VIIb and VIII) responsible for recent newcastle disease outbreaks in southern africa, one (viib) of which reached southern europe. *Archives of Virology*, 144(11):2087–2099. (Cité page 17.)

HETHCOTE, H. W. (1976). Qualitative analyses of communicable disease models. *Mathematical Biosciences*, 28(3):335–356. (Cité page 141.)

HETHCOTE, H. W. (1989). Three basic epidemiological models. *In Applied mathematical ecology*, pages 119–144. Springer. (Cité page 141.)

HETHCOTE, H. W. (2000). The mathematics of infectious diseases. *SIAM Review*, 42(4):599–653. (Cité pages 52, 53, 62 et 63.)

HETHCOTE, H. W. et TUDOR, D. W. (1980). Integral equation models for endemic infectious diseases. *Journal of Mathematical Biology*, 9(1):37–47. (Cité page 58.)

HIRSCH, M. (1991). Systems of differential equations that are competitive or cooperative. VI : A local Cr closing lemma for 3-dimensional systems. *Ergodic Theory and Dynamical Systems*, 11:443–454. (Cité page 161.)

HLINAK, A., MÜHLE, R. U., WERNER, O., GLOBIG, A., STARICK, E., SCHIRRMEIER, H., HOFFMANN, B., ENGELHARDT, A., HÜBNER, D., CONRATHS, F. J., WALLSCHLÄGER, D., KRUCKENBERG, H. et MÜLLER, T. (2006). A virological survey in migrating waders and other waterfowl in one of the most important resting sites of Germany. *Journal of Veterinary Medicine. B, Infectious Diseases and Veterinary Public Health*, 53(3):105–110. (Cité page 20.)

HUANG, Y., ROSENKRANZ, S. L. et WU, H. (2003). Modeling HIV dynamics and antiviral response with consideration of time-varying drug exposures, adherence and phenotypic sensitivity. *Mathematical Biosciences*, 184(2):165–186. (Cité page 58.)

HUANG, Y., WAN, H. Q., LIU, H. Q., WU, Y. T. et LIU, X. F. (2004). Genomic sequence of an isolate of Newcastle disease virus isolated from an outbreak in geese : a novel six nucleotide insertion in the non-coding region of the nucleoprotein gene. Brief Report. *Archives of Virology*, 149(7):1445–1457. (Cité page 17.)

HYMAN, J. M. et LI, J. (2000). An intuitive formulation for the reproductive number for the spread of diseases in heterogeneous populations. *Mathematical Biosciences*, 167(1):65–86. (Cité page 55.)

JENSEN, M. A., FARUQUE, S. M., MEKALANOS, J. J. et LEVIN, B. R. (2006). Modeling the role of bacteriophage in the control of cholera outbreaks. *Proc Natl Acad Sci U S A*, 103(12):4652–4657. (Cité page 66.)

JOHNSTON, J. (1992). Computer modelling to expand our understanding of disease interactions in village chickens. *In Newcastle disease in village chickens, control with thermostable oral vaccines*, numéro 39 de Proceedings, pages 46–55, Kuala Lumpur, Malaysia. (Cité pages 64 et 65.)

JOHNSTON, K. M. et KEY, D. W. (1992). Paramyxovirus-1 in feral pigeons (Columba livia) in Ontario. *The Canadian Veterinary Journal*, 33(12):796. (Cité page 21.)

JØRGENSEN, P. H., HANDBERG, K. J., AHRENS, P., HANSEN, H. C., MANVELL, R. J. et ALEXANDER, D. J. (1999). An outbreak of Newcastle disease in free-living pheasants (Phasianus colchicus). *Zentralbl Veterinarmed B*, 46(6):381–387. (Cité page 20.)

KALETA, E. F. et BALDAUF, C. (1988). Newcastle disease in free-living and pet birds. *In Newcastle disease*, pages 197–246. Springer. (Cité pages 13, 14, 20 et 21.)

KAMGANG, J. C. et SALLET, G. (2008). Computation of threshold conditions for epidemiological models and global stability of the disease-free equilibrium (DFE). *Mathematical Biosciences*, 213(1):1–12. (Cité page 69.)

KANT, A., KOCH, G., VAN ROOZELAAR, D. J., BALK, F. et HUURNE, A. T. (1997). Differentiation of virulent and non-virulent strains of Newcastle disease virus within 24 hours by polymerase chain reaction. *Avian Pathology*, 26(4):837–849. (Cité pages 7, 12, 13 et 31.)

KAPCZYNSKI, D. R. et KING, D. J. (2005). Protection of chickens against overt clinical disease and determination of viral shedding following vaccination with commercially available Newcastle disease virus vaccines upon challenge with highly virulent virus from the California 2002 exotic Newcastle disease outbreak. *Vaccine*, 23(26):3424–3433. (Cité page 20.)

KATOK, A. et HASSELBLATT, B. (1997). *Introduction to the Modern Theory of Dynamical Systems*. Encyclopedia of Mathematics and its Applications. Cambridge University Press. (Cité page 148.)

KAWAGUCHI, I., SASAKI, A. et MOGI, M. (2004). Combining zooprophylaxis and insecticide spraying : a malaria-control strategy limiting the development of insecticide resistance in vector mosquitoes. *Proceedings Biological Sciences*, 271(1536):301–309. (Cité page 60.)

KEELING, M. J. et ROHANI, P. (2011). *Modeling Infectious Diseases in Humans and Animals*. Princeton University Press. (Cité pages 49 et 51.)

KERMACK, W. O. et MCKENDRICK, A. G. (1927). A contribution to the mathematical theory of epidemics. *Proceedings of the Royal Society of London. Series A*, 115(772):700–721. (Cité pages 49, 51 et 63.)

KHALAFALLA, A., AWAD, S. et HASS, W. (2000). Village poultry production in the Sudan. *Department of micro biology, Faculty of veterinary science, University of Khartoum, Khartoum, North Sudan*. (Cité page 24.)

KHALIL, H. K. et GRIZZLE, J. (2002). *Nonlinear systems*, volume 3. Prentice hall Upper Saddle River. (Cité page 158.)

KIM, L. M., KING, D. J., CURRY, P. E., SUAREZ, D. L., SWAYNE, D. E., STALLKNECHT, D. E., SLEMONS, R. D., PEDERSEN, J. C., SENNE, D. A., WINKER, K. et AFONSO, C. L. (2007a). Phylogenetic diversity among low-virulence Newcastle disease viruses from waterfowl and shorebirds and comparison of genotype distributions to those of poultry-origin isolates. *Journal of Virology*, 81(22):12641–12653. (Cité pages 17 et 20.)

KIM, L. M., KING, D. J., SUAREZ, D. L., WONG, C. W. et AFONSO, C. L. (2007b). Characterization of class I Newcastle disease virus isolates from Hong Kong live bird markets and detection using real-time reverse transcription-PCR. *Journal of Clinical Microbiology*, 45(4):1310–1314. (Cité page 17.)

KING, A. A., IONIDES, E. L., PASCUAL, M. et BOUMA, M. J. (2008). Inapparent infections and cholera dynamics. *Nature*, 454(7206):877–880. (Cité pages 65 et 66.)

KING, D. J. (1999). A comparison of the onset of protection induced by Newcastle disease virus strain B1 and a fowl poxvirus recombinant Newcastle disease vaccine to a viscerotropic velogenic Newcastle disease virus challenge. *Avian Diseases*, 43(4):745–755. (Cité page 16.)

KITALYI, A. J. (1998). *Village chicken production systems in rural Africa : Household food security and gender issues*. Food & Agriculture Org. (Cité page 31.)

KOKO, M., MAMINIAINA, O., RAVAOMANANA, J. et RAKOTONINDRINA, S. (2006a). Impacts de la vaccination anti-maladie de Newcastle et du déparasitage des poussins sous mère sur la productivite de l'aviculture villageoise à Madagascar. *Improving farmyard poultry production in Africa : Interventions and their economic assessment*, page 125. (Cité page 137.)

KOKO, M., MAMINIAINA, O. F., RAVAOMANANA, J. et RAKOTONINDRINA, S. (2006b). Aviculture villageoise à Madagascar : enquête épidémiologique. *Improving farmyard poultry production in Africa : interventions and their economic assessment. TECDOC-1489. AIEA, Vienne*, pages 157–163. (Cité page 8.)

KOROBEINIKOV, A. et MAINI, P. K. (2004). A Lyapunov function and global properties for SIR and SEIR epidemiological models with nonlinear incidence. *Mathematical Biosciences and Engineering*, 1(1):57–60. (Cité page 142.)

KRANEVELD, F. C. (1926). A poultry disease in the Dutch East Indies. *Nederlands-Indische Bladen voor Diergeneeskunde*, 38:448–450. (Cité pages 7 et 11.)

LAKSHMIKANTHAM, V., BAĬNOV, D. et SIMEONOV, P. (1989). *Theory of Impulsive Differential Equations*. Series in modern applied mathematics. World Scientific. (Cité page 151.)

LANCASTER, J. E. (1966). Newcastle disease. a review of some of the literature published between 1926 and 1964. *Ottawa : Health of Animals Branch, Canada Department of Agriculture*. (Cité pages 8 et 22.)

LASALLE, J. (1976). The stability of dynamical systems, Society for Industrial and Applied Mathematics, Philadelphia, 1976. *In With an appendix :"Limiting equations and stability of nonautonomous ordinary differential equations" by Z. Artstein, Regional Conference Series in Applied Mathematics*. (Cité page 159.)

LASALLE, J. et LEFSCHETZ, S. (1963). *Stability by Liapunov's direct method with applications*. Academic Press. (Cité pages 159 et 160.)

LAURENSON, K., SILLERO-ZUBIRI, C., THOMPSON, H., SHIFERAW, F., THIRGOOD, S. et MALCOLM, J. (1998). Disease as a threat to endangered species : Ethiopian wolves, domestic dogs and canine pathogens. *Animal Conservation*, 1(4):273–280. (Cité page 63.)

LAXMINARAYAN, R. (2004). Act now or later ? Economics of malaria resistance. *American Journal of Tropical Medicine and Hygiene*, 71(2 Suppl):187–195. (Cité page 60.)

LEE, E., JEON, W., KWON, J., YANG, C. et CHOI, K. (2009). Molecular epidemiological investigation of Newcastle disease virus from domestic ducks in Korea. *Veterinary Microbiology*, 134(3-4):241–248. (Cité page 20.)

LEE, Y. J., SUNG, H. W., CHOI, J. G., KIM, J. H. et SONG, C. S. (2004). Molecular epidemiology of Newcastle disease viruses isolated in South Korea using sequencing of the fusion protein cleavage site region and phylogenetic relationships. *Avian Pathology*, 33(5):482–491. (Cité page 17.)

LESNOFF, M., LANCELOT, R., MOULIN, C., MESSAD, S., JUANÈS, X. et SAHUT, C. (2011). *Calculation of Demographic Parameters in Tropical Livestock Herds-A Discrete Time Approach with LASER Animal-based Monitoring Data*. Editions Quae. (Cité page 38.)

LI, J., ZU DOHNA, H., ANCHELL, N. L., ADAMS, S. C., DAO, N. T., XING, Z. et CARDONA, C. J. (2010). Adaptation and transmission of a duck-origin avian influenza virus in poultry species. *Virus Research*, 147(1):40–46. (Cité page 21.)

LI, M. Y. et MULDOWNEY, J. S. (1993). On Bendixson's criterion. *Journal of Differential Equations*, 106(1):27–39. (Cité page 161.)

Li, M. Y. et Muldowney, J. S. (1995a). Global stability for the SEIR model in epidemiology. *Mathematical Biosciences*, 125(2):155–164. (Cité pages 141 et 142.)

Li, M. Y. et Muldowney, J. S. (1995b). On RA smith's autonomous convergence theorem. *Journal of Mathematics*, 25(1). (Cité pages 160 et 161.)

Li, M. Y. et Muldowney, J. S. (1996). A geometric approach to global-stability problems. *SIAM Journal on Mathematical Analysis*, 27(4):1070–1083. (Cité pages 160, 161 et 162.)

Li, S., Eisenberg, J. N. S., Spicknall, I. H. et Koopman, J. S. (2009a). Dynamics and control of infections transmitted from person to person through the environment. *American Journal of Epidemiology*, 170(2):257–265. (Cité page 68.)

Li, X., Chai, T., Wang, Z., Song, C., Cao, H., Liu, J., Zhang, X., Wang, W., Yao, M. et Miao, Z. (2009b). Occurrence and transmission of Newcastle disease virus aerosol originating from infected chickens under experimental conditions. *Veterinary Microbiology*, 136(3-4):226–232. (Cité page 23.)

Lipsitch, M., Cohen, T., Cooper, B., Robins, J. M., Ma, S., James, L., Gopalakrishna, G., Chew, S. K., Tan, C. C., Samore, M. H., Fisman, D. et Murray, M. (2003). Transmission dynamics and control of severe acute respiratory syndrome. *Science*, 300(5627):1966–1970. (Cité page 64.)

Liu, H., Wang, Z., Wang, Y., Sun, C., Zheng, D. et Wu, Y. (2008). Characterization of Newcastle disease virus isolated from waterfowl in China. *Avian Diseases*, 52(1):150–155. (Cité pages 13 et 31.)

Liu, H., Wang, Z., Wu, Y., Zheng, D., Sun, C., Bi, D., Zuo, Y. et Xu, T. (2007). Molecular epidemiological analysis of Newcastle disease virus isolated in China in 2005. *Journal of Virological Methods*, 140(1-2):206–211. (Cité page 17.)

Liu, W. M., Hethcote, H. W. et Levin, S. A. (1987). Dynamical behavior of epidemiological models with nonlinear incidence rates. *Journal of Mathematical Biology*, 25(4):359–380. (Cité page 141.)

Liu, X., Wang, X., Wu, S., Hu, S., Peng, Y., Xue, F. et Liu, X. (2009). Surveillance for avirulent Newcastle disease viruses in domestic ducks (Anas platyrhynchos and Cairina moschata) at live bird markets in Eastern China and characterization of the viruses isolated. *Avian Pathology*, 38(5):377–391. (Cité page 21.)

Liu, X. F., Wan, H. Q., Ni, X. X., Wu, Y. T. et Liu, W. B. (2003). Pathotypical and genotypical characterization of strains of Newcastle disease virus isolated from outbreaks in chicken and goose flocks in some regions of China during 1985-2001. *Archives of Virology*, 148(7):1387–1403. (Cité page 17.)

Lloyd, A. L. (2001a). The dependence of viral parameter estimates on the assumed viral life cycle : limitations of studies of viral load data. *Proceedings Biological Sciences*, 268(1469):847–854. (Cité page 64.)

LLOYD, A. L. (2001b). Destabilization of epidemic models with the inclusion of realistic distributions of infectious periods. *Proceedings Biological Sciences*, 268(1470):985–993. (Cité page 58.)

LOMNICZI, B., WEHMANN, E., HERCZEG, J., BALLAGI-PORDÁNY, A., KALETA, E. F., WERNER, O., MEULEMANS, G., JORGENSEN, P. H., MANTÉ, A. P., GIELKENS, A. L., CAPUA, I. et DAMOSER, J. (1998). Newcastle disease outbreaks in recent years in western Europe were caused by an old (VI) and a novel genotype (VII). *Archives of Virology*, 143(1):49–64. (Cité pages 14 et 31.)

LOTKA, A. J. (1910). Contribution to the theory of periodic reactions. *The Journal of Physical Chemistry*, 14(3):271–274. (Cité page 142.)

MA, J. et MA, Z. (2006). Epidemic threshold conditions for seasonally forced SEIR models. *Mathematical Biosciences and Engineering*, 3(1):161–172. (Cité page 149.)

MALISOFF, M. et MAZENC, F. (2009). *Constructions of strict Lyapunov functions*. Springer. (Cité page 142.)

MAMINIAINA, O. F. (2011). *Caractérisation des virus de la maladie de Newcastle (APMV-1), circulant sur les hautes terres de Madagascar*. Thèse de doctorat, Université d'Antananarivo. (Cité pages 8, 19, 33, 42 et 151.)

MAMINIAINA, O. F., GIL, P., BRIAND, F. X., ALBINA, E., KEITA, D., ANDRIAMANIVO, H. R., CHEVALIER, V., LANCELOT, R., MARTINEZ, D., RAKOTONDRAVAO, R., RAJAONARISON, J. J., KOKO, M., ANDRIANTSIMAHAVANDY, A. A., JESTIN, V. et SERVAN DE ALMEIDA, R. (2010). Newcastle disease virus in Madagascar : identification of an original genotype possibly deriving from a died out ancestor of genotype IV. *PLoS One*, 5(11):e13987. (Cité pages 17, 19 et 45.)

MAMINIAINA, O. F., KOKO, M., RAVAOMANANA, J. et RAKOTONINDRINA, S. J. (2007). [Epidemiology of Newcastle disease in village poultry farming in Madagascar]. *Revue scientifique et technique (International Office of Epizootics)*, 26(3):691–700. PMID : 18293617. (Cité pages 27, 32, 33 et 35.)

MARINER, J. C., MCDERMOTT, J., HEESTERBEEK, J., CATLEY, A. et ROEDER, P. (2005). A model of lineage-1 and lineage-2 rinderpest virus transmission in pastoral areas of East Africa. *Preventive Veterinary Medicine*, 69(3-4):245–263. (Cité page 62.)

MARTIN, P. A. J. et SPRADBROW, P. B. (1992). The epidemiology of Newcastle disease in village chickens. *Newcastle disease in village chickens*, pages 40–45. (Cité pages 23, 24 et 31.)

MAY, R. (2001). *Stability and Complexity in Model Ecosystems*. Princeton Landmarks in Biology. Princeton University Press. (Cité page 49.)

MCCALLUM, H., BARLOW, N. et HONE, J. (2001). How should pathogen transmission be modelled ? *Trends in Ecology & Evolution*, 16(6):295 – 300. (Cité pages 53, 54 et 145.)

MEYER, C. e. s. (2014). Dictionnaire des sciences animales. [on line]. montpellier, france, cirad. (Cité page 11.)

MILLER, P. J., KING, D. J., AFONSO, C. L. et SUAREZ, D. L. (2007). Antigenic differences among Newcastle disease virus strains of different genotypes used in vaccine formulation affect viral shedding after a virulent challenge. *Vaccine*, 25(41):7238–7246. (Cité page 151.)

MISHRA, U. et SPRADBROW, P. B. (1991). Present status of poultry in nepal. (Cité page 22.)

MOGHADAS, S. (2004). Modelling the effect of imperfect vaccines on disease epidemiology. *Discrete And Continuous Dynamical Systems Series B*, 4:999–1012. (Cité page 60.)

MOGHADAS, S. et GUMEL, A. (2003). A mathematical study of a model for childhood diseases with non-permanent immunity. *Journal of Computational and Applied Mathematics*, 157(2):347–363. (Cité page 53.)

MOLIA, S., SAMAKÉ, K., DIARRA, A., SIDIBÉ, M. S., DOUMBIA, L., CAMARA, S., KANTÉ, S., KAMISSOKO, B., DIAKITÉ, A., GIL, P., HAMMOUMI, S., DE ALMEIDA, R. S., ALBINA, E. et GROSBOISA, V. (2011). Avian influenza and Newcastle disease in three risk areas for H5N1 highly pathogenic avian influenza in mali, 2007-2008. *Avian Diseases*, 55(4):650–658. (Cité pages 43 et 44.)

MOLLISON, D. (1995). *Epidemic models : their structure and relation to data*, volume 5, chapitre The structure of epidemic models, pages 17–33. Cambridge University Press. (Cité pages 62 et 63.)

MULDOWNEY, J. (1990). Compound matrices and ordinary differential equations. *Journal of Mathematics*, 20(4). (Cité page 162.)

MURPHY, B. M., SINGER, B. H., ANDERSON, S. et KIRSCHNER, D. (2002). Comparing epidemic tuberculosis in demographically distinct heterogeneous populations. *Mathematical Biosciences*, 180:161–185. (Cité page 60.)

NAKATA, Y. et KUNIYA, T. (2010). Global dynamics of a class of SEIRS epidemic models in a periodic environment. *Journal of Mathematical Analysis and Applications*, 363(1):230 – 237. (Cité page 149.)

NGUYEN, T. D. et SPRADBROW, P. (1991). Poultry production and Newcastle disease in Vietnam. (Cité page 22.)

NOWAK, M. A., LLOYD, A. L., VASQUEZ, G. M., WILTROUT, T. A., WAHL, L. M., BISCHOFBERGER, N., WILLIAMS, J., KINTER, A., FAUCI, A. S., HIRSCH, V. M. et LIFSON, J. D. (1997). Viral dynamics of primary viremia and antiretroviral therapy in simian immunodeficiency virus infection. *Journal of Virology*, 71(10):7518–7525. (Cité page 64.)

OIE (2012). Manuel des tests de diagnostic et des vaccins pour les animaux terrestres 2012. chapitre 2.3.14. `http://www.oie.int/fileadmin/Home/fr/Health_standards/tahm/2.03.14_NEWCASTLE_DIS.pdf`. (Cité page 27.)

OIE (2013). Code sanitaire pour les animaux terrestres (2013). chapitre 10.9. http://www.oie.int/fileadmin/Home/fr/Health_standards/tahc/2010/chapitre_1.10.9.pdf. (Cité pages 11 et 16.)

Olesiuk, O. M. (1951). Influence of environmental factors on viability of Newcastle disease virus. *American Journal of Veterinary Research*, 12(43): 152–155. (Cité page 22.)

Otim, O. M., Christensen, H., Mukiibi, G. M. et Bisgaard, M. (2006). A preliminary study of the role of ducks in the transmission of Newcastle disease virus to in-contact rural free-range chickens. *Tropical Animal Health and Production*, 38(4):285–289. (Cité pages 21 et 142.)

Pascual, M., Bouma, M. J. et Dobson, A. P. (2002). Cholera and climate : revisiting the quantitative evidence. *Microbes and Infection*, 4(2):237–245. (Cité pages 65 et 66.)

Pepper, I. L., Rusin, P., Quintanar, D. R., Haney, C., Josephson, K. L. et Gerba, C. P. (2004). Tracking the concentration of heterotrophic plate count bacteria from the source to the consumer's tap. *International Journal of Food Microbiology*, 92(3):289–295. (Cité page 65.)

Porco, T. C. et Blower, S. M. (1998). Designing HIV vaccination policies : subtypes and cross-immunity. *Interfaces*, 28(3):167–190. (Cité page 60.)

Porphyre, V. (2000). Enquête séro-épidémiologique sur les principales maladies infectieuses des volailles à madagascar. Mémoire de D.E.A., DESS - Productions animales en régions chaudes, Centre de coopération internationale en recherche agronomique pour le développement (CIRAD EMVT), Montpellier. (Cité pages 27, 29 et 31.)

Pugh, C. (1967). An improved closing lemma and a general density theorem. *American Journal of Mathematics*, 89(4):1010–1021. (Cité page 161.)

Pugh, C. et Robinson, C. (1983). The C1 closing lemma, including Hamiltonians. *Ergodic Theory Dynam. Systems*, 3(2):261–313. (Cité page 161.)

Pybus, O. G., Charleston, M. A., Gupta, S., Rambaut, A., Holmes, E. C. et Harvey, P. H. (2001). The epidemic behavior of the hepatitis C virus. *Science*, 292(5525):2323–2325. (Cité page 64.)

Rajaonarison, J. (1991). Production de vaccin contre la maladie de Newcastle à Madagascar. *In Workshop on Newcastle Disease Vaccines for Rural Africa. Pan-African Veterinary Vaccine Centre (PANVAC), Debre Zeit, Addis Ababa, 22-26 avril*, pages 135–137. (Cité page 32.)

Rasamoelina, A. H. (2011). *Diffusion des pestes aviaires dans les petits élevages familiaux des hauts plateaux malgaches*. Thèse de doctorat, Université de Montpellier 2. (Cité pages 21 et 32.)

Rasamoelina, A. H., Lancelot, R., Maminiaina, O. F., Rakotondrafara, T. F., Jourdan, M., Renard, J. F., Gil, P., Servan de Almeida, R., Albina, E., Martinez, D., Tillard, E., Rakotondravao, R. et Chevalier, V. (2012). Risk factors for avian influenza and Newcastle disease in smallholder farming systems, Madagascar highlands. *Preventive Veterinary Medicine*, 104(1-2):114–124. (Cité pages 24 et 32.)

RAUW, F., GARDIN, Y., van den BERG, T. et LAMBRECHT, B. (2009). La vaccination contre la maladie de Newcastle chez le poulet (Gallus gallus). *Revue de Biotechnologie, Agronomie, Société et Environnement*, 13(4). (Cité page 45.)

RENÉ, M. et BICOUT, D. (2007). Influenza aviaire : Modélisation du risque d'infection des oiseaux à partir d'étangs contaminés. *Epidémiologie et santé animale*, 51:95–109. (Cité page 67.)

ROBERTS, M. G. et HEESTERBEEK, J. (2003). A new method for estimating the effort required to control an infectious disease. *Proceedings Biological Sciences*, 270(1522):1359–1364. (Cité page 60.)

ROBERTS, M. G. et HEESTERBEEK, J. (2007). Model-consistent estimation of the basic reproduction number from the incidence of an emerging infection. *Journal of Mathematical Biology*, 55(5-6):803–816. (Cité page 55.)

ROCHE, B., LEBARBENCHON, C., GAUTHIER-CLERC, M., CHANG, C. M., THOMAS, F., RENAUD, F., VAN DER WERF, S. et GUÉGAN, J. F. (2009). Waterborne transmission drives avian influenza dynamics in wild birds : the case of the 2005-2006 epidemics in the Camargue area. *Infection, Genetics and Evolution*, 9(5):800–805. (Cité pages 66 et 67.)

ROGERS, D. J. (1988). A general model for the african trypanosomiases. *Parasitology*, 97 (Pt 1):193–212. (Cité page 21.)

ROHANI, P., BREBAN, R., STALLKNECHT, D. E. et DRAKE, J. M. (2009). Environmental transmission of low pathogenicity avian influenza viruses and its implications for pathogen invasion. *Proceedings of the National Academy of Sciences of the United States of America*, 106(25):10365–10369. (Cité page 66.)

ROSS, R. (1911). The prevention of Malaria. *In London : John Murray*. (Cité pages 49 et 55.)

SAMBERG, Y., HADASH, D. U., PERELMAN, B. et MEROZ, M. (1989). Newcastle disease in ostriches (Struthio camelus) : field case and experimental infection. *Avian Pathology*, 18(2):221–226. (Cité pages 14 et 31.)

SEAL, B. S., KING, D. J., LOCKE, D. P., SENNE, D. A. et JACKWOOD, M. W. (1998). Phylogenetic relationships among highly virulent Newcastle disease virus isolates obtained from exotic birds and poultry from 1989 to 1996. *Journal of Clinical Microbiology*, 36(4):1141–1145. (Cité page 21.)

SHARMA, R. N., HUSSEIN, N. A., PANDEY, G. S. et SHANDOMO, M. N. (1986). A study on Newcastle disease outbreaks in Zambia. *Revue Scientifique et Technique, OIE*, 5(79):5–14. (Cité page 22.)

SHENGQING, Y., KISHIDA, N., ITO, H., KIDA, H., OTSUKI, K., KAWAOKA, Y. et ITO, T. (2002). Generation of velogenic Newcastle disease viruses from a nonpathogenic waterfowl isolate by passaging in chickens. *Virology*, 301(2):206–211. (Cité page 20.)

SHULGIN, B., STONE, L. et AGUR, Z. (1998). Pulse vaccination strategy in the SIR epidemic model. *Bulletin of Mathematical Biology*, 60(6):1123–1148. (Cité page 151.)

SMITH, R. (1986). Some applications of Hausdorff dimension inequalities for ordinary differential equations. *Proceedings of the Royal Society of Edinburgh : Section A Mathematics*, 104(3-4):235–259. (Cité page 160.)

STONE-HULSLANDER, J. et MORRISON, T. G. (1999). Mutational analysis of heptad repeats in the membrane-proximal region of Newcastle disease virus HN protein. *Journal of Virology*, 73(5):3630–3637. (Cité page 13.)

STROGATZ, S. (1994). *Nonlinear Dynamics and Chaos : With Applications to Physics, Biology, Chemistry, and Engineering*. Addison-Wesley studies in nonlinearity. Westview Press. (Cité page 50.)

THITISAK, W., JANVIRIYASOPAK, O., MORRIS, R. S., SRIHAKIM, S. et VAN KRUEDENER, R. (1988). Causes of death found in an epidemiological study of native chickens in Thai villages. *Acta Veterinaria Scandinavica. Supplement*, 84:200–202. (Cité page 22.)

VAN BOVEN, M., BOUMA, A., FABRI, T. H. F., KATSMA, E., HARTOG, L. et KOCH, G. (2008). Herd immunity to Newcastle disease virus in poultry by vaccination. *Avian Pathology*, 37(1):1–5. (Cité pages 20, 55, 135 et 136.)

VAN DEN DRIESSCHE, P. et WATMOUGH, J. (2002). Reproduction numbers and sub-threshold endemic equilibria for compartmental models of disease transmission. *Mathematical Biosciences*, 180:29–48. (Cité pages 57, 141, 146 et 163.)

VOLTERRA, V. (1926). La lutte pour la vie. *Gauthier, Paris.* (Cité page 142.)

WAN, H., CHEN, L., WU, L. et LIU, X. (2004). Newcastle disease in geese : natural occurrence and experimental infection. *Avian Pathology*, 33(2): 216–221. (Cité page 20.)

WANG, W. et ZHAO, X.-Q. (2008). Threshold dynamics for compartmental epidemic models in periodic environments. *Journal of Dynamics and Differential Equations*, 20(3):699–717. (Cité pages 149 et 150.)

WEBB, C. T., BROOKS, C. P., GAGE, K. L. et ANTOLIN, M. F. (2006). Classic flea-borne transmission does not drive plague epizootics in prairie dogs. *Proceedings of the National Academy of Sciences of the United States of America*, 103(16):6236–6241. (Cité page 65.)

WESTBURY, H. A., PARSONS, G. et ALLAN, W. H. (1984). Comparison of the residual virulence of Newcastle disease vaccine strains V4, Hitchner B1 and La Sota. *Australian Veterinary Journal*, 61(2):47–49. (Cité page 26.)

WU, S., WANG, W., YAO, C., WANG, X., HU, S., CAO, J., WU, Y., LIU, W. et LIU, X. (2010). Genetic diversity of Newcastle disease viruses isolated from domestic poultry species in Eastern China during 2005-2008. *Archives of Virology*. (Cité page 17.)

Xiao, Y., Bowers, R. G., Clancy, D. et French, N. P. (2007). Dynamics of infection with multiple transmission mechanisms in unmanaged/managed animal populations. *Theor Popul Biol*, 71(4):408–423. (Cité page 65.)

Yang, H., Wei, H. et Li, X. (2010). Global stability of an epidemic model for vector-borne disease. *Journal of Systems Science and Complexity*, 23(2):279–292. (Cité page 160.)

Yusoff, K. et Tan, W. S. (2001). Newcastle disease virus : macromolecules and opportunities. *Avian Pathology*, 30(5):439–455. (Cité page 13.)

Zhang, J. et Ma, Z. (2003). Global dynamics of an SEIR epidemic model with saturating contact rate. *Mathematical Biosciences*, 185(1):15–32. (Cité page 53.)

Zhang, T. et Teng, Z. (2007). On a nonautonomous SEIRS model in epidemiology. *Bulletin of Mathematical Biology*, 69(8):2537–2559. (Cité page 149.)

Zhen, J., Mainul, H. et Quanxing, L. (2008). Pulse vaccination in the periodic infection rate SIR epidemic model. *International Journal of Biomathematics*, 01(04):409–432. (Cité page 151.)

Zhou, X. et Cui, J. (2011). Modeling and stability analysis for a cholera model with vaccination. *Mathematical Methods in the Applied Sciences*, 34(14):1711–1724. (Cité page 69.)

Zhou, X., Cui, J. et Zhang, Z. (2012). Global results for a cholera model with imperfect vaccination. *Journal of the Franklin Institute*, 349(3):770–791. (Cité pages 54 et 69.)

"Je rêve d'un jour où l'égoïsme ne régnera plus dans les sciences, où on s'associera pour étudier, au lieu d'envoyer aux académiciens des plis cachetés, on s'empressera de publier ses moindres observations pour peu qu'elles soient nouvelles, et on ajoutera « je ne sais pas le reste »."

Évariste Galois (1811-1832)

Ce document a été préparé à l'aide de l'éditeur de texte TeXnicCenter et du logiciel de composition typographique LaTeX.

MIX
Papier aus verantwortungsvollen Quellen
Paper from responsible sources
FSC® C105338

Printed by Books on Demand GmbH, Norderstedt / Germany